Uni-Taschenbücher 1059

T0198545

UTB

Eine Arbeitsgemeinschaft der Verlage

Birkhäuser Verlag Basel und Stuttgart
Wilhelm Fink Verlag München
Gustav Fischer Verlag Stuttgart
Francke Verlag München
Paul Haupt Verlag Bern und Stuttgart
Dr. Alfred Hüthig Verlag Heidelberg
Leske Verlag + Budrich GmbH Opladen
J. C. B. Mohr (Paul Siebeck) Tübingen
C. F. Müller Juristischer Verlag – R. v. Decker's Verlag Heidelberg
Quelle & Meyer Heidelberg
Ernst Reinhardt Verlag München und Basel
K. G. Saur München · New York · London · Paris
F. K. Schattauer Verlag Stuttgart · New York
Ferdinand Schöningh Verlag Paderborn
Dr. Dietrich Steinkopff Verlag Darmstadt
Eugen Ulmer Verlag Stuttgart
Vandenhoeck & Ruprecht in Göttingen und Zürich

P. Heinrich Stahl

Feuchtigkeit und Trocknen in der pharmazeutischen Technologie

Mit 62 Abbildungen und 30 Tabellen

Springer-Verlag Berlin Heidelberg GmbH

Dr. P. Heinrich Stahl, geboren am 19. 2. 1935 in Adelberg, Kreis Göppingen, studierte Pharmazie in Freiburg im Breisgau. 1964 Promotion in Pharmazeutischer Chemie als Schüler von Prof. Dr. Dr. *K. W. Merz,* anschließend dessen Privat- und Vorlesungsassistent. Nach zweijährigem Forschungsaufenthalt am Sloan-Kettering-Institute for Cancer Research in Rye, New York, seit 1969 in der Pharmazeutischen Entwicklung der CIBA-GEIGY AG in Basel als Leiter des Präformulierungslabors tätig. Veröffentlichungen auf organisch-präparativem, analytischem und pharmazeutisch-technologischem Gebiet.

CIP-Kurztitelaufnahme der Deutschen Bibliothek

Stahl, Peter Heinrich:
Feuchtigkeit und Trocknen in der pharmazeutischen
Technologie / P. Heinrich Stahl. – Darmstadt :
Steinkopff, 1980.
(Uni-Taschenbücher ; 1059)
ISBN 978-3-7985-0576-6   ISBN 978-3-642-53782-0 (eBook)
DOI 10.1007/978-3-642-53782-0

Einbandgestaltung: Alfred Krugmann, Stuttgart

Renate
Martin
Berthamarie
Dorothee
für die vielen entgangenen gemeinsamen Stunden

Zweck und Ziel der Reihe

Die hier vorgelegte Reihe PHARMAZIE IN EINZELDARSTEL-
LUNGEN soll die vorhandenen umfangreicheren Lehrbücher der
Pharmazie, Pharmazeutischen Chemie, Pharmazeutischen Biologie
und Pharmazeutischen Technologie durch knappe, in der Thematik
aktuelle, preiswerte Studientexte ergänzen. Eine möglichst enge Bindung an die jeweils gültigen Lernziel- und Prüfungsvorstellungen im
Fachbereich Pharmazie wird angestrebt. Die Texte sollen so aufberei-
tet sein, daß auch der Fach- und Fachhochschüler damit arbeiten kann.

Thematisch im Vordergrund der in zwangloser Folge erscheinenden
Reihe von Einzeldarstellungen sollen jene Kapitel der Pharmazie stehen, die in den umfangreicheren Lehrbüchern zu kurz kommen müssen oder – wie z.B. im Falle der Pharmazeutischen Analytik – stark
praktikums- und praxisbezogen sind.

Die Taschenbuchausgaben dieser Reihe wenden sich über den Kreis
der Studierenden im Fachbereich Pharmazie an den Hochschulen und
Fachhochschulen hinaus auch an Medizinstudenten, Chemiestuden-
ten, Biologiestudenten, Pharmazeutisch-Technische Assistentinnen
und Assistenten, Medizinisch-Technisches Assistenzpersonal, praktische Pharmazeuten (Apotheker), Pharmakologen und Chemiker
(insbesondere in der Pharma-Industrie).

Prof. Dr. Rolf Haller
(Kiel)

Dr. Dietrich Steinkopff Verlag
(Darmstadt)

Vorwort

Die Rolle des Wassers in der Pharmazeutischen Technologie darzustellen ist ein Unterfangen, das einer Beschreibung nahezu der gesamten Pharmazeutischen Technologie selbst gleichkäme. Es läßt sich wohl kaum ein Bereich in dieser Disziplin nennen, in dem Wasser nicht in irgendeiner Form beteiligt wäre. Wasser ist Reaktionsmedium, Reaktionspartner, Katalysator, Strukturbildner, Lösemittel, Medium für den Transport von Stoffen und Wärme, zur Übertragung von Kräften und Signalen.

Wenn es hier trotzdem unternommen wird, im Rahmen eines Taschenbuches in der Reihe ‚Pharmazie in Einzeldarstellungen' einen Band diesem allgegenwärtigen Stoff zu widmen, so geschieht dies mit der Absicht, dem Wasser in einer Art Nebenrolle nachzuspüren. Gemeint sind die Funktionen des Wassers und die Bedeutung der Luftfeuchtigkeit im Bereich der festen Arzneiformen, inbesondere bei Tabletten, wo Wasser, obwohl als unwirksame Komponente oft leicht übersehen, unversehens über Gelingen oder Mißlingen, Haltbarkeit oder Zersetzung entscheiden kann.

Das Buch, das sich an Pharmazeuten in Ausbildung, galenischer Forschung, Entwicklung und Produktion und an ihre technischen Mitarbeiter wendet, ist aus einem Leitfaden über ‚Feuchtigkeit und Trocknen' hervorgegangen, der vor einigen Jahren für Kollegen und technische Mitarbeiter in der Pharmazeutischen Entwicklungsabteilung der damaligen CIBA AG, Basel, verfaßt wurde.

Der CIBA-GEIGY AG, Basel, bin ich für die Erlaubnis zur Veröffentlichung des Manuskripts zu Dank verpflichtet. Mein Dank gilt ferner Frau Helga Kohler für die Reinschrift des Textes und den Mitarbeitern des Verlags für das bereitwillige Eingehen auf meine Wünsche und für die sorgfältige Gestaltung des Buches.

P. Heinrich Stahl
Freiburg i. Br., im Juni 1980

Inhalt

Allgemein verwendete Formelzeichen

Zeichen	Bedeutung	Einheiten
a_w	Wasseraktivität	–
c_D	spezifische Wärme des Wasserdampfs bei konstantem Druck	$J \cdot kg^{-1}$
c_L	spezifische Wärme der Luft bei konstantem Druck	$J \cdot kg^{-1}$
g	Fallbeschleunigung	$m \cdot s^{-2}$
h	Höhe (in 3.3.1 und 6.2)	m
h	Wärmeinhalt (Enthalpie)	$J \cdot kg^{-1}; kJ \cdot kg^{-1}$
h_D	– von Wasserdampf	$J \cdot kg^{-1}; kJ \cdot kg^{-1}$
h_L	– von trockener Luft	$J \cdot kg^{-1}; kJ \cdot kg^{-1}$
H_B	molare Bindungswärme (Bindungsenthalpie)	$J \cdot mol^{-1}; kJ \cdot mol^{-1}$
H_L	molare Verdampfungswärme (Verdampfungsenthalpie)	$J \cdot mol^{-1}; kJ \cdot mol^{-1}$
H_S	molare Sorptionswärme (Sorptionsenthalpie)	$J \cdot mol^{-1}; kJ \cdot mol^{-1}$
k	Trocknungsgeschwindigkeitskonstante	min^{-1}
M_L	relative Molmasse (Molekulargewicht) der Luft	–
M_w	relative Molmasse (Molekulargewicht) des Wassers	–
P	Absolutdruck	$bar; mbar; mm\,Hg^*)$
p_0	Sättigungsdampfdruck über Wasser	$bar; mbar; mm\,Hg^*)$
$p_{0,e}$	Sättigungsdampfdruck über Eis	$bar; mbar; mm\,Hg^*)$
p_w	Wasserdampfpartialdruck	$bar; mbar; mm\,Hg^*)$
r	Kapillarradius	$m; \mu m$
t	Zeit	h, min, s
T	Absoluttemperatur	K
V	Luftmengendurchsatz	$m^3 \cdot h^{-1}$
v	Strömungsgeschwindigkeit	$m \cdot s^{-1}$
v_l	Lockerungsgeschwindigkeit	$m \cdot s^{-1}$

---

*) Wegen leichter meßtechnischer Zugänglichkeit wird diese Druckeinheit hier beibehalten.

w_f	Wassergehalt bezogen auf wasserhaltige Substanz (Trocknungsverlust)	% (Massenprozent)
w_k	kritischer Wassergehalt bei der Konvektionstrocknung	%
w_{kr}	kritischer Wassergehalt bei der Fluidisierung im Wirbelbett	%
w_{lim}	Grenzwassergehalt bei der Fluidisierung im Wirbelbett	%
w_t	Wassergehalt bezogen auf Trockenmasse	%
x	absoluter Wassergehalt der Luft	$g \cdot kg^{-1}$; $kg \cdot kg^{-1}$
ϑ	Temperatur	°C
ϑ_f	Temperatur des feuchten Thermometers (beim Psychrometer)	°C
ϑ_k	Kühlgrenztemperatur	°C
ϑ_u	Umwandlungstemperatur bei Phasenänderungen	°C
φ	relative Feuchtigkeit	%
ϱ	Dichte	$kg \cdot m^{-3}$
ϱ_L	Dichte trockener Luft	$kg \cdot m^{-3}$
σ	Oberflächenspannung	$N \cdot m^{-1}$
τ	Taupunkttemperatur	°C
τ_e	Reifpunkttemperatur	°C

Indices

1	Eintritt (in 6.1 bis 6.3)
2	Austritt (in 6.1 bis 6.3)
*	bezeichnet Größen im Gleichgewichtszustand

1. Einführung

Der weitaus größte Anteil arzneilicher Wirkstoffe findet seinen Weg zum Patienten in der Gestalt fester Arzneiformen: Tabletten, Dragées, Filmdragées und Kapseln. Bei ihrer Herstellung kommen die dabei eingesetzten Materialien meist mit wäßrigen Flüssigkeiten in Berührung. Vor, während und nach dem Durchlaufen der einzelnen Verfahrensschritte sind die Rohstoffe, Zwischen- und Fertigprodukte der Umgebungsluft ausgesetzt, die mit ihrem mehr oder weniger hohen, aber immer vorhandenen Wassergehalt mit den Materialien in Wechselwirkung treten kann.

Das Bemühen um hohe und gleichbleibende Produktqualität erfordert es, die einzelnen Verfahrensschritte sorgfältig zu überprüfen und auch dem Anschein nach Nebensächliches auf seine Folgen für die Produkteigenschaften zu untersuchen.

Wasser, welches sowohl in festem Material als auch in der Luft – als Luftfeuchtigkeit – enthalten ist, wird dabei als einer der wichtigsten Faktoren dieser Art erkannt. So stellt sich die Aufgabe, seine Funktionen in einem für die geforderten Produkteigenschaften günstigen Sinne zu nutzen, nachteilige Auswirkungen aber zu vermeiden.

Auf diesem Gebiet greifen ineinander (a) die Gesetzmäßigkeiten, denen die Feuchtigkeit der Luft unterliegt, (b) die strukturellen Voraussetzungen chemischer und physikalischer Art, denen die Bindung von Wasser an und in festen Stoffen zuzuschreiben sind, sowie (c) die Sorptionserscheinungen als Wechselwirkung zwischen dem freien, atmosphärischen Wasserdampf und den zur Wasserbindung befähigten festen, zum Teil auch flüssigen Stoffen.

Diese Grundlagen sind Gegenstand des ersten Teils (Abschnitte 2 und 3) des Buches, worauf die Behandlung einschlägiger Meß- und Bestimmungsverfahren folgt (Abschnitt 4). In einem weiteren Teil (Abschnitt 5) werden die Auswirkungen unterschiedlichen Wassergehalts und besonders die Bedeutung der Wasseraktivität bei den festen Arzneiformen besprochen. Den Trocknungsverfahren ist der letzte Teil (Abschnitt 6) gewidmet mit dem Schwergewicht auf der weitverbreiteten Wirbelschichttrocknung, die eine ausführlichere Besprechung darum verdient, weil ihr optimaler Einsatz nur mit Kenntnis ihrer Grundlagen möglich ist. Theoretische Grundlagen werden soweit behandelt, als sie für das Verständnis von Vorgängen und Zusammenhängen notwendig, und in mathematischer Formelsprache wiedergegeben, soweit sie nützlich sind für den praktischen Gebrauch, welchem heute die Verfügbarkeit wohlfeiler programmierbarer Taschenrechner entgegenkommt. Besonderer Wert wurde auf die Anwendbarkeit der vermittelten Kenntnisse in der Praxis gelegt, wozu die in den Text eingestreuten Beispiele anregen sollen und wofür auch die drei Tabellen im Anhang gedacht sind. Demgegenüber mußte das Bemühen zurücktreten, möglichst alle Bereiche vollständig zu erfassen, in denen Feuchtigkeit und Trocknungsvorgänge von Bedeutung sind. So wurde etwa auf die nähere Betrachtung der Dragierung als Trocknungsprozeß sowie auf die Besprechung feuchtigkeitsbezogener Eigenschaften von Verpackungsmaterialien verzichtet, womit keineswegs die Wichtigkeit dieser Gegenstände in Frage gestellt werden soll. Um den Text nicht zu sehr zu belasten, wurde auf Originalarbeiten nur in besonderen Fällen eingegangen, ebensowenig wurde Vollständigkeit in der Berücksichtigung der einschlägigen Literatur angestrebt. Zur Erweiterung und Vertiefung ist für einzelne Abschnitte Anschlußliteratur angegeben, die bis 1979 berücksichtigt ist.

1.1 Anmerkungen zur Terminologie

Man trifft in der Hygrometrie auf uneinheitliche Definitionen und Gebrauch mancher Begriffe. So wird unter *relativer Feuchtigkeit* meist das Verhältnis des Wasserdampfpartialdrucks zum Sättigungsdampfdruck verstanden, während vereinzelt, so bei *Gál*[1], dieses Verhältnis mit der Bezeichnung *relativer Wasserdampfdruck* belegt und die relative Feuchtigkeit als Verhältnis der Absolutwassergehalte definiert ist. Da die numerischen Unterschiede dieser relativen Luftfeuchtigkeitsmaße so gering sind, daß sie für die folgenden Ausführungen keine Bedeutung haben, schließen wir uns in der Definition der relativen Feuchtigkeit dem mehrheitlichen Gebrauch an.

Die Begriffe *Feuchte* und *Feuchtigkeit* werden üblicherweise für vorwiegend, aber nicht ausschließlich wasserhaltige Zustände sowohl von Gasen wie auch fester Materialien gebraucht; in der deutschen Sprache ist eine Unterscheidung wie im Englischen (*humidity* bzw. *moisture*) nicht möglich. Um eindeutige und klare Ausdrucksweise zu erreichen, schränken wir hier einer Anregung von *Lück*[2] folgend den Begriff Feuchtigkeit auf den gasförmigen Zustand ein, während wir bei festen Stoffen vom *Wassergehalt* (nach DIN: *Feuchtegehalt*) und *wasserhaltigem* Material sprechen. Den schwerfälligen Begriff *relative Gleichgewichtsfeuchtigkeit* eines wasserhaltigen Materials, der leicht mit der Luftfeuchtigkeit schlechthin verwechselt werden kann, ersetzen wir durch die *Wasseraktivität* a_w, deren Bedeutung in der Lebensmittelchemie und -technologie bereits früher erkannt worden ist[3,4]. Diese Größe ist konsequent auf alle wasserhaltigen Systeme anwendbar, von der *relativen Feuchtigkeit* der Luft im Wortlaut besser zu unterscheiden und betont auch vom Sprachlich-Begrifflichen her eher die Aktionsbereitschaft und -fähigkeit des in einem System – auch im festen Stoff – vorhandenen Wassers.

2. Wasser als Feuchtigkeit in der Luft

Neben den Gasen Stickstoff und Sauerstoff, die zusammen mit 99 Volumenprozenten am Aufbau der trockenen Atmosphäre beteiligt sind (Tab. 1), den Nebenbestandteilen Argon, Kohlendioxid und einer

Tab. 1. Zusammensetzung der trockenen Luft (Normatmosphäre)

G a s		Volumenanteil (%)	
Stickstoff	N_2	78.084	
Sauerstoff	O_2	20.9476	
Argon	Ar	0.934	
Kohlendioxid	CO_2	0.0314	
S p u r e n g a s e			
Neon	Ne	Xenon	Xe
Helium	He	Wasserstoff	H_2
Methan	CH_4	Distickstoffmonoxid	N_2O
Krypton	Kr	Ozon	O_3

Reihe von Spurengasen, enthält atmosphärische Luft stets auch wechselnde Mengen Wasserdampf. Während aber die übrigen Gase der Luft in so wenig veränderlichen Verhältnissen vorliegen, daß man für trockene Luft physikalische Konstanten wie für reine Gase angibt, unterliegt der Anteil des Wasserdampfes starken Schwankungen und ist mit ca. 1–4 Volumenprozenten zwar gering, in seinen Auswirkungen – als meteorologisches Element im Wettergeschehen – nichtsdestoweniger erheblich.

2.1 Zustandsgrößen feuchter Luft

2.1.1 Wasserdampfdruck

Die Zusammensetzung eines Gasgemisches kann in Volumenprozenten angegeben werden oder, nach dem Gesetz von *Dalton*, mit dem Druckanteil (Partialdruck), mit dem jede Komponente am Gesamtdruck beteiligt ist. So gilt für feuchte Luft

$$P = p_L + p_w \tag{1}$$

Der herrschende Gesamtdruck P setzt sich additiv aus dem Partialdruck der trockenen Luft p_L und dem des Wassers p_w zusammen. Dieser kann jedoch nicht beliebig hoch sein, sondern erreicht im abgeschlossenen Raum über flüssigem Wasser oder Eis seinen Höchstwert, den Sättigungsdampfdruck p_o, welcher vom Gesamtdruck P und der Temperatur ϑ abhängig ist (s. Dampfdrucktabelle im Anhang).

Die Druckabhängigkeit ist allerdings gering: Der Sättigungsdampfdruck liegt beim Normalatmosphärendruck von 1013,25 mbar um weniger als 1 %o über dem Wert im Vakuum, d. h. über Wasser unter Ausschluß anderer Gase. Beträchtlich ist demgegenüber der Temperatureinfluß: der Sättigungsdampfdruck steigt exponentiell mit der Temperatur. Den Verlauf des Sättigungsdampfdrucks als Funktion der Temperatur gibt Abbildung 1 wieder. Die Äste der Dampfdruck-

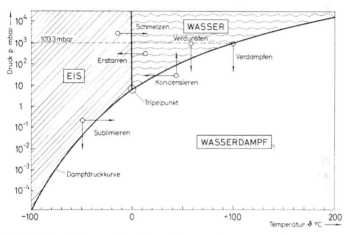

Abb. 1. Ausschnitt aus dem Phasendiagramm des Wassers (logarithmische Druckskala)

kurve lassen sich in guter Näherung mit den empirischen Dampfdruckformeln von *Magnus* beschreiben, in die für $p_{o, 0\,°C}$ der Sättigungsdampfdruck bei 0 °C mit 6,107 mbar oder 4,518 mm Hg einzusetzen ist:

$$\text{über Wasser: } p_o = p_{o,\,0\,°C} \cdot 10^{\left(\frac{7.5\,\vartheta}{237.3\,+\,\vartheta}\right)} \tag{2a}$$

$$\text{über Eis: } p_o = p_{o,\,0\,°C} \cdot 10^{\left(\frac{9.5\,\vartheta}{265.5\,+\,\vartheta}\right)} \tag{2b}$$

5

Bei gegebener Temperatur kann in Luft höchstens der durch die Dampfdruckkurve bestimmte Sättigungsdampfdruck herrschen. Das bedeutet, daß trockene Luft temperaturabhängig mehr oder weniger Wasser aufnehmen kann. In wasserdampfgesättigter Luft ist $p_w = p_o$, in ungesättigter Luft ist $p_w < p_o$. Sehr reine, staubfreie Luft kann auch übersättigt sein, so daß $p_w > p_o$ ist. Dieser labile Zustand der Übersättigung kann durch Ausscheidung von Wasser oder Eis an festen Oberflächen oder bei Hinzukommen von Aerosolteilchen unter Bildung von Tröpfchen- oder Eisnebel in den stabilen, gesättigten Zustand übergehen.

2.1.2 Maße für die Luftfeuchtigkeit

Absolutmaße

Die grundlegende Größe für das Verhalten des Wasserdampfes ist der bereits beschriebene Dampfdruck. Es gibt nun verschiedene abgeleitete Maße für den Wassergehalt der Luft, deren jedes seine Zweckmäßigkeit für bestimmte Berechnungen und Überlegungen hat.

Absolute Feuchtigkeit

Das Verhältnis der Wasserdampfdichte zur Dichte der trockenen Luft bezeichnet man in der Meteorologie als Mischungsverhältnis und ist somit dimensionslos. Technisch wird es aber als absolute Feuchtigkeit mit der Dimension g Wasserdampf/g trockene Luft oder g Wasserdampf/kg trockene Luft versehen. Die Beziehung zum Wasserdampfdruck lautet

$$x = 1000 \cdot \frac{M_w}{M_L} \cdot \frac{p_w}{P - p_w} \quad \left[\frac{\text{g Wasserdampf}}{\text{kg trockene Luft}} \right] \quad (3)$$

worin M_L und M_w die relativen Molekülmassen (Molekulargewichte) der Luft und des Wassers sind und der Wert ihres Verhältnisses 0,622 beträgt.

Wird statt p_w der Sättigungsdampfdruck p_o eingesetzt, so erhält man den maximalen Wasserdampfgehalt nach

$$x = 622 \cdot \frac{p_o}{P - p_o} \quad (4)$$

Daraus geht hervor, daß der Sättigungsdampfgehalt mit fallendem Luftdruck zunimmt. Für einen bestimmten Gesamtdruck läßt sich die

6

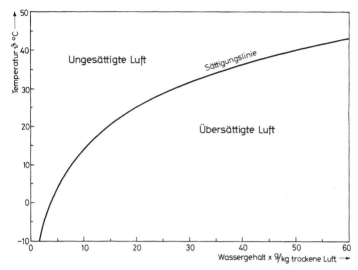

Abb. 2. Wassergehalt dampfgesättigter Luft in Abhängigkeit von der Temperatur (Sättigungslinie, Taukurve)

maximale absolute Feuchtigkeit als Funktion der Temperatur nach Abbildung 2 darstellen.

Weitere absolute Feuchtigkeitsmaße geben an, wieviel g Wasser in 1 kg feuchter (*spezifische Feuchtigkeit*) oder in 1 m³ trockener oder feuchter Luft enthalten sind.

Taupunkt

Ein sehr anschauliches Feuchtigkeitsmaß ist der Taupunkt. Wie die Abbildungen 1 und 2 zeigen, gibt es für jede vorgegebene Temperatur einen Luftzustand, bei dem gerade Sättigung besteht. Wird ungesättigte Luft von einem bestimmten Feuchtigkeitsgehalt abgekühlt, so nähert sie sich dem Zustand der Wasserdampfsättigung und erreicht ihn bei derjenigen Temperatur, bei der $p_w = p_o$ ist. Jede geringfügige weitere Abkühlung unter diese Temperatur hat zur Folge, daß Wasserdampf kondensiert und sich als Tau oder Reif niederschlägt. Diese Kondensationstemperatur, die bei Werten oberhalb 0 °C für gegebenen Wasserdampfpartialdruck bzw. Absolutwassergehalt eindeutig ist, wird als Taupunkttemperatur τ oder kurz Taupunkt (bei negativen Temperaturen: Reifpunkt) bezeichnet und in °C angegeben. Bildet

7

sich bei Temperaturen unter dem Gefrierpunkt ein Beschlag aus unterkühltem Wasser, so liegt bei gleichem Absolutwassergehalt der Luft der beobachtete Taupunkt höher als der Reifpunkt, d.i. wenn der Beschlag aus Eis (Reif) besteht. Dies folgt aus den unterschiedlichen Dampfdruckkurven von Eis und von unterkühltem Wasser (Abb. 3).

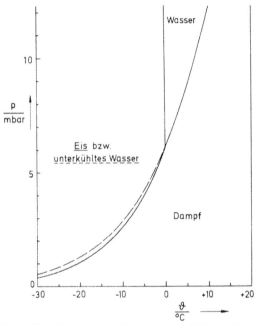

Abb. 3. Dampfdruckkurve von Eis und unterkühltem Wasser (lineare Druckskala)

Relative Feuchtigkeitsmaße

Das Verhältnis des Partialdrucks p_w zum Sättigungsdampfdruck p_o bei gleicher Temperatur und Gesamtdruck P ist die

$$\text{relative Feuchtigkeit } \varphi = \frac{p_w}{p_o} \quad (\varphi = 0 \ldots 1) \qquad (5)$$

Sie wird meist in Prozenten ausgedrückt:

$$\varphi = \frac{100 \, p_w}{p_o} \quad (\varphi = 0 \ldots 100\%) \qquad (6)$$

8

Wassergehalt der Luft im mitteleuropäischen Klima

Die relative Luftfeuchtigkeit unterliegt im täglichen und jahreszeitlichen Gang periodischen Änderungen: nachts bis morgens werden hohe, in den frühen Nachmittagsstunden tiefste Werte erreicht; im Winter ist die relative Feuchtigkeit höher, im Sommer tiefer. Hierfür ist in erster Linie der entsprechend umgekehrt verlaufende Gang der Temperatur die Ursache. Dagegen ändert sich der Absolutwassergehalt vorwiegend nur im jahreszeitlichen Rhythmus. Er ist im Sommer hoch, im Winter tief und wird namentlich durch die Herkunft der vorherrschenden Luftmassen bestimmt. Kontintentale und arktische Luftmassen sind trockener, die atlantischen feuchter; die höchsten Wassergehalte führt mediterrane Luft mit sich. Lokal wird das Klima und damit auch der Luftwassergehalt von der geographischen Lage mitbeeinflußt (Höhenlage; Nähe von ausgedehnten Gewässern, von Berghängen). In Tabelle 2 sind für einige Orte als Maß für den Abso-

Tab. 2. Monatliche Mittelwerte des Taupunktes an mitteleuropäischen Orten berechnet aus den langjährigen monatlichen Mittelwerten der täglichen Höchstwerte der Temperatur und der relativen Feuchtigkeit in[5].

Monat	Jan	Feb	Mar	Apr	Mai	Jun	Jul	Aug	Sep	Okt	Nov	Dez
Ort												
Basel	0.2	1.6	4.3	7.0	11.6	14.5	16.6	16.6	14.4	9.9	4.8	1.3
Berlin	-1.2	-1.2	1.3	4.0	7.7	11.2	13.7	13.6	10.9	7.0	2.8	0.2
Dresden	-1.2	-0.8	1.6	4.6	9.0	12.1	14.3	13.9	11.4	7.5	3.2	-0.1
Frankfurt a.M.	-0.4	0.2	1.9	4.6	8.7	11.9	13.7	13.9	11.4	7.7	3.7	1.3
Freiburg i.Br.	0.2	1.6	3.2	5.8	10.3	13.4	15.3	14.6	12.4	8.5	4.3	1.9
Genf	0.2	1.6	3.4	5.3	9.9	13.2	15.2	15.3	13.4	8.7	4.6	1.0
Hamburg	-0.4	-0.1	1.0	3.7	7.2	11.8	13.1	12.8	11.4	7.5	4.3	1.3
Hannover	0.2	1.3	3.4	5.6	10.3	13.7	14.7	14.7	11.9	8.5	4.6	1.9
Innsbruck	-4.7	-2.8	-0.8	3.2	7.5	11.9	14.0	13.6	10.7	5.3	1.6	-2.0
Kassel	-0.4	-0.4	1.6	4.3	9.4	12.6	15.0	14.1	11.8	7.7	2.8	0.2
Kiel	-0.1	0.6	2.2	4.2	9.6	12.8	15.0	14.9	12.8	7.5	4.6	1.6
Köln	1.0	1.6	3.2	5.3	9.4	12.6	13.6	13.6	11.6	8.5	4.3	-1.2
München	-2.8	-2.8	-0.1	3.2	8.1	11.4	12.9	12.9	9.7	5.8	2.2	-0.4
Nürnberg	-1.6	-0.8	1.6	4.3	8.5	11.9	13.9	13.4	12.5	7.5	2.8	-0.1
Stuttgart	-0.4	0.6	2.6	5.3	9.8	13.2	14.9	14.5	11.9	7.7	4.0	1.3
Wien	-2.8	-2.2	0.2	3.7	9.2	11.9	14.2	13.2	10.5	6.8	2.6	-0.8

lutwassergehalt die monatlichen mittleren Taupunkte angegeben, die aus den täglichen Mittelwerten der Maximaltemperatur und der relativen Feuchtigkeiten erhalten wurden.

9

In ventilierten, aber nicht klimatisierten Räumen ist die relative Feuchtigkeit durch den Wassergehalt der Außenluft und die Innentemperatur nach dem h, x-Diagramm bestimmt. Dabei erhöhen im Rauminnern wirksame Wasserdampfquellen (feuchte Flächen, wasserdampfabgebende Prozesse, Menschen, Zimmerpflanzen) die absolute und damit auch die relative Feuchtigkeit und werden um so eher bestimmend für das Innenklima, je geringer der Austausch mit der Außenluft ist.

Beispiel 1. Mit welchem Absolutwassergehalt und welcher relativen Feuchtigkeit der Luft muß man im Mittel im Juli bei einer mittleren Tageshöchsttemperatur von 23,9°C und einem Barometerstand von 980 mbar in Stuttgart rechnen?

Aus der Wasserdampftafel erhält man zur Taupunkttemperatur 14,9°C (aus Tab. 2) für den Sättigungsdampfdruck den interpolierten Wert 16,94 mbar. Nach (3) ergibt sich damit für den Absolutwassergehalt

$$x = 622 \cdot \frac{16,94}{963,06} = 10,9 \, \text{g Wasser} / \text{kg trockene Luft.}$$

Mit dem Sättigungsdampfdruck bei 23,9°C erhält man nach (6) die relative Feuchtigkeit

$$\varphi = \frac{100 \cdot 16,94}{29,66} = 57\%.$$

2.1.3 Weitere Kenngrößen feuchter Luft

Dichte

Die Dichte trockener Luft beträgt unter Normalbedingungen ($P = p_L = 1013,25$ mbar, $\vartheta = 0°C$) $\varrho_L = 1,293$ kg/m³.

Die folgende Gleichung gibt die Abhängigkeit der Dichte feuchter Luft von der Temperatur ϑ, dem Wasserdampfpartialdruck p_w und dem Gesamtdruck P an:

$$\varrho = 1,293 \cdot \frac{273,15}{273,15 + \vartheta} \left(1 - \frac{0,378 \, p_w}{P} \right) \qquad (7)$$

Mit steigendem Wasserdampfpartialdruck p_w, das heißt mit zunehmendem Wassergehalt, nimmt die Dichte der Luft ab, anders ausgedrückt: feuchte Luft ist – unter gleichen Druck- und Temperaturbedingungen – leichter als trockene Luft.

10

Wärmeinhalt (Enthalpie)

Für die vollständige Beschreibung des Zustandes feuchter Luft ist neben Druck, Temperatur und einem Maß für den Feuchtigkeitsgehalt noch ihr Wärmeinhalt, die Enthalpie h, anzugeben. Obwohl bei jeder beliebigen Temperatur oberhalb des absoluten Nullpunktes der Wärmeinhalt größer als Null ist, wird aus praktischen Gründen für technische Zwecke willkürlich der Nullpunkt der Celsiusskala als Bezugspunkt gewählt und h = 0 für trockene Luft bei 0 °C gesetzt. Da allein Enthalpie*differenzen* und nicht Absolutwerte für Berechnungen bei Trocknungsvorgängen von Interesse sind, ist die Wahl des Bezugszustandes belanglos. Die Enthalpie feuchter Luft setzt sich zusammen aus den Enthalpiebeiträgen der trockenen Luft (h_L) und des Wasserdampfes (h_D), die sich ihrerseits aus den spezifischen Wärmen der Luft c_L und des Wasserdampfes c_D und der Verdampfungswärme r_o des Wassers (2 500 kJ/kg bei 0 °C und bei konstantem Druck) wie folgt ergeben:

$$h_L = c_L \cdot \vartheta \tag{8}$$

$$h_D = x \cdot r_o + x \cdot c_D \cdot \vartheta \tag{9}$$

$$h = h_L + h_D = c_L \cdot \vartheta + x (r_o + c_D \cdot \vartheta) \tag{10}$$

Werden hierbei die spezifischen Wärmen in kJ/kg eingesetzt, so gilt der berechnete Wärmeinhalt für (1+x) kg feuchte Luft. Bei genauer Rechnung muß die Temperaturabhängigkeit der spezifischen Wärmen c_L und c_D berücksichtigt werden. Im begrenzten Temperaturbereich ($\vartheta = -10 °C \ldots + 80 °C$) der hier behandelten Anwendungen kann aber bei guter Genauigkeit mit den folgenden mittleren Werten für den Gesamtdruck P = 1 bar gerechnet werden:

$$c_L = 1{,}007 \text{ kJ/kg}$$

$$c_D = 1{,}863 \text{ kJ/kg}$$

Der Wärmeinhalt wächst nach (10) sowohl mit zunehmender Temperatur als auch mit zunehmendem Wassergehalt der Luft. Feuchte Luft hat einen höheren Wärmeinhalt als trockene Luft von gleicher Temperatur.

2.2 Das h, x-Diagramm

Die oft komplexe Änderung der Zustandsgrößen feuchter Luft bei Vorgängen wie Befeuchten, Trocknen, Kühlen, Erwärmen und Mischen von ruhender Luft und von Luftströmen läßt sich auch heute trotz der leichten Zugänglichkeit von Kleinrechnern am einfachsten und billigsten graphisch darstellen und auswerten im h, x-Diagramm (Abb. 5).

2.2.1 Aufbau des h, x-Diagramms

Ursprünglich von *Mollier* 1923 als rechtwinkliges Diagramm mit der Enthalpie h als Ordinate und dem Wassergehalt x als Abszisse vorgeschlagen, wird es heute der besseren Ablesbarkeit wegen schiefwinklig konstruiert mit rechts abwärts geneigter h-Achse, so daß auf der Ordinate die Temperaturteilung erscheint. Das „Rückgrat" des Diagramms bildet die Sättigungslinie (Abb. 4).

Die 0°C-Linie verläuft zur Ordinate genau rechtwinklig, während die Steigung der Linien gleicher Temperatur (*Isothermen*) mit zuneh-

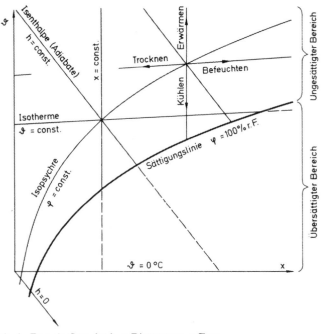

Abb. 4. Zum Aufbau des h, x-Diagramms, s. Text

12

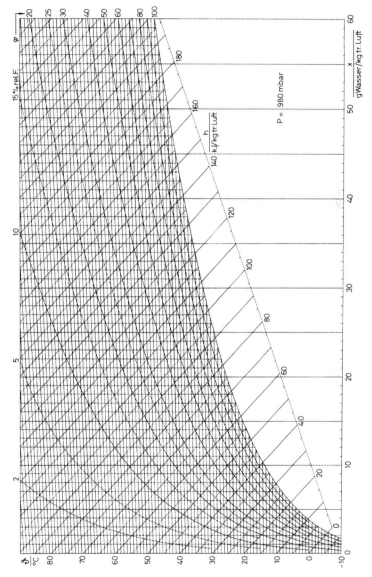

Abb. 5. h, x-Diagramm für feuchte Luft für den Gesamtdruck P = 980 mbar

13

mender Temperatur wächst. Das Gebiet der ungesättigten Luft ist links und oberhalb der Sättigungslinie durch eine Kurvenschar, die Linien gleicher relativer Feuchtigkeit (*Isopsychren*), aufgeteilt. Auf den senkrechten Parallelen ist die absolute Feuchtigkeit x konstant. Die von links oben nach rechts unten geneigten Parallelen sind die Linien gleicher Enthalpie (*Isenthalpen* oder *Adiabaten*).

2.2.2 Anwendung des h,x-Diagramms

Das h,x-Diagramm kann zur Beschreibung aller Vorgänge herangezogen werden, die mit der Änderung einer oder mehrerer Zustandsgrößen feuchter Luft und bei konstantem Gesamtdruck ablaufen. Das Diagramm Abbildung 4 ist für einen Gesamtdruck von 980 mbar berechnet und entspricht damit dem mittleren Barometerstand in 260 m über Meereshöhe. Der örtliche Luftdruck kann bei Durchzug von Hoch- und Tiefdruckgebieten um den Normalwert im äußersten Fall bis zu ± 50 mbar schwanken. Die daraus folgenden Fehler beim Gebrauch des h,x-Diagramms, das für den örtlichen Normaldruck berechnet worden ist, lassen sich mit (4) und (6) ermitteln. Zum Beispiel weicht für die genannten Luftdruckextreme beim gleichen Luftwassergehalt von x = 10 g/kg der Taupunkt um ± 0,8 °C, für den Luftzustand x = 10 g/kg bei 40 °C die relative Feuchtigkeit um ± 1 % vom mittleren Wert ab. Für viele Anwendungen sind solche Abweichungen tragbar; für größere Druckunterschiede oder höhere Genauigkeitsansprüche müssen Korrekturen angebracht oder eigens Diagramme angelegt werden.

Erwärmen (Abb. 6a)

Wird feuchte Luft erwärmt, so ändert sich ihr Zustand entlang einer Linie x = const. senkrecht nach oben. Soll die Erwärmung von einer tiefen Temperatur ϑ_1 auf die höhere Temperatur ϑ_2 erfolgen, dann läßt sich der hierfür erforderliche Wärmebetrag aus den Isenthalpen ablesen.

Beispiel 2. Die Luft in einem dicht geschlossenen Raum weist bei $\vartheta_1 = 13,5 °C$ eine Feuchtigkeit von $\varphi_1 = 60 \%$ auf. Wie ändern sich Feuchtigkeit und Enthalpie, wenn auf $\vartheta_2 = 24,5 °C$ aufgeheizt wird? Vom Ausgangszustand (ϑ_1, φ_1) geht man im h,x-Diagramm senkrecht nach oben und findet bei $\vartheta_2 = 24,5 °C$ die neue Feuchtigkeit $\varphi_2 = 30 \%$. Die Enthalpie steigt bei der Erwärmung von $h_1 = 28$ auf $h_2 = 40$ kJ/kg, womit also 12 kJ/kg zugeführt werden müssen. Der Wassergehalt bleibt unverändert bei x = 6 g/kg.

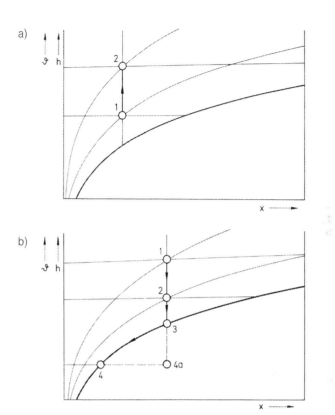

Abb. 6. Anwendungsbeispiele für das h, x-Diagramm. a. Erwärmen, b. Abkühlen

Abkühlen (Abb. 6b)

Reine Abkühlvorgänge verlaufen im h, x-Diagramm umgekehrt, also senkrecht abwärts (Zustand 1 → Zustand 2). Nach dem auf Seite 7 Gesagten wird bei entsprechend tiefer Temperaturabsenkung Wasserdampfsättigung und damit die Taupunkttemperatur (Zustand 3) erreicht. Für einen beliebigen Luftzustand läßt sich daher auch der Taupunkt als ein absolutes Maß der Luftfeuchtigkeit aus dem h, x-Diagramm auffinden, indem man die Temperatur des Punktes auf der Sättigungslinie abliest, der senkrecht unter dem betreffenden Luftzustand liegt. Temperaturabsenkung unter die Taupunkttemperatur hat

15

zur Folge, daß Wasser aus der Luft kondensiert; die Zustandsänderung im h,x-Diagramm verläuft dann auf der Sättigungslinie abwärts bis zur erreichten tiefsten Temperatur (Zustand 4). Bleibt bei großräumigen Luftmassen die Luft übersättigt, wie es im Wettergeschehen vorkommen kann, so wird der labile Zustand 4a erreicht.

Beispiel 3. Eine Klimaanlage saugt sommerlich warme Luft von $\vartheta_1 = 29\,°C/\varphi_1 = 50\%$ r.F. an, um sie zur Entfeuchtung auf $\vartheta_2 = 8\,°C$ zu kühlen. Wieviel Wasser wird dabei niedergeschlagen und welche Wärmemengen werden insgesamt umgesetzt, wenn die gekühlte, entfeuchtete Luft anschließend wieder auf $\vartheta_3 = 22\,°C$ erwärmt wird?

Beim Abkühlen aus Zustand 1 wird der Taupunkt bei $\tau_1 = 17,8\,°C$ erreicht. Weitere Kühlung auf $\vartheta_2 = 8\,°C$ scheidet aus der dampfgesättigten Luft $x_1 - x_2 = 13,0 - 6,8 = 6,2$ g/kg Wasser aus. Die Enthalpie fällt dabei von $h_1 = 62,5$ auf $h_2 = 25$ kJ/kg, es müssen also 37,5 kJ/kg abgeführt werden. Bei der Erwärmung auf $\vartheta_3 = 22\,°C$ beim neuen Taupunkt $\tau_2 = \tau_3 = 8\,°C$ entsprechend $\varphi_3 = 40\%$ r.F. steigt die Enthalpie wieder um 14 kJ/kg auf $h_3 = 39$ kJ/kg. Insgesamt muß je kg Trockenluft mindestens die 51,5 kJ entsprechende Energiemenge zur Klimatisierung aufgewandt werden.

Befeuchten (Abb. 6c)

Wird strömende Luft etwa in einem Luftkanal oder in einer Klimaanlage durch Verdunsten von Wasser, z.B. durch Versprühen, in der Weise befeuchtet, daß mit der Umgebung kein Wärmeaustausch stattfindet, dann bleibt ihre Enthalpie unverändert, d.h. ihr Zustand ändert sich entlang einer Adiabaten (h = const.). Die Verdunstung des Wassers erfolgt auf Kosten des Wärmevorrats der Luft, deren Temperatur deswegen auf den Zustand 2 fällt. Dafür enthält nun aber die befeuchtete Luft den zusätzlichen Dampf samt seiner latenten Verdampfungswärme.

In einem geschlossenen Raum ist rein adiabatische Befeuchtung nur ein gedachter Grenzfall. Es läßt sich nicht unterbinden, daß die den Raum umschließenden Wände und die in ihm befindlichen Gegenstände an die sich abkühlende Luft Wärme abgeben. Daher weicht in Wirklichkeit die Änderung des Luftzustandes mehr oder weniger stark vom Verlauf einer Adiabaten nach rechts oben ab, so daß mit einer gegebenen Wassermenge der Zustand 2' erreicht wird, der eine höhere Temperatur und eine geringere relative Feuchtigkeit als bei rein adiabatischer Befeuchtung aufweist.

Soll die Befeuchtung durch Wasserverdunstung isotherm, d.h. unter Aufrechterhaltung der Ausgangstemperatur erfolgen (nach Zustand

16

3), dann muß gleichzeitig der Wärmebetrag h – im wesentlichen die Verdampfungswärme für das verdunstete Wasser – durch die Raumheizung oder die Beheizung eines Verdunsters zugeführt werden. Um isotherm auf dieselbe relative Feuchtigkeit zu kommen wie bei adiabatischer Befeuchtung, ist sowohl mehr Wasser als auch mehr Wärme erforderlich.

Beispiel 4. Durch Verdunsten von Wasser soll das Klima eines Raumes bei 22 °C von $\varphi_1 = 20$ auf $\varphi_2 = 50\%$ r.F. verbessert werden. Es sind die zur Befeuchtung erforderliche Wasser- und zur Verdunstung verbrauchte Wärmemenge zu ermitteln.

Die Luft hat im Ausgangszustand einen Wassergehalt von $x_1 = 3,4$ g/kg (entsprechend $\tau_1 = -1,5\,°C$). Die auf 50% r.F. befeuchtete

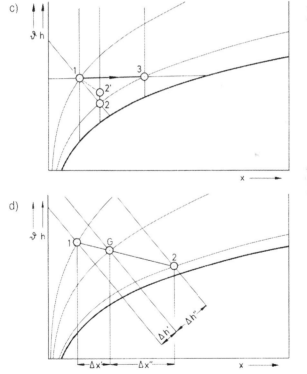

Abb. 6. Anwendungsbeispiele für das h,x-Diagramm. c. Befeuchten, d. Mischen

17

Luft enthält $x_2 = 8,5$ g/kg, womit sich ein Wasserbedarf von 5,1 g/kg Trockenluft ergibt. Mit dem Ansteigen des Wasserdampfgehalts erhöht sich die Enthalpie um $h_2 - h_1 = 44 - 31 = 13$ kJ/kg Trockenluft, die von der Raumheizung aufzubringen sind.

Mischen (Abb. 6d)

Werden zwei Luftmassen von verschiedenem Zustand 1 und 2 gemischt, so läßt sich der Zustand der Mischung bestimmen aus dem Mischungsverhältnis und den Absolutwassergehalten bzw. den Enthalpien wie beim Hebelgesetz nach

$$\frac{\Delta x''}{\Delta x'} = \frac{\Delta h''}{\Delta h'} = \frac{m_1}{m_2} \qquad (11)$$

worin $\Delta x' = x_G - x_1$, $\Delta x'' = x_2 - x_G$, $\Delta h' = h_G - h_1$, $\Delta h'' = h_2 - h_G$, x_G und h_G den Zustand der Mischluft und m_1 und m_2 die zu mischenden Luftmassen bezeichnen. Im h,x-Diagramm wird der Zustand der Mischung graphisch gefunden, indem die geradlinige Verbindung zwischen den Ausgangszuständen im Verhältnis der Massen geteilt wird. Ganz Entsprechendes gilt auch für das Mischen von Luftströmen, bei denen dann das Verhältnis des Massenflusses in der Zeiteinheit für die Lage des Mischungszustandes maßgebend ist.

Beispiel 5. Ein Luftstrom vom Zustand $\vartheta_1 = 47°C/\tau_1 = 8°C$ wird mit einem zweiten, feuchteren Luftstrom vom Zustand $\vartheta_2 = 32°C/\varphi_2 = 90\%$ r.F. im Verhältnis 2:1 gemischt. Man ermittle den Zustand der Mischluft.

Aus dem h,x-Diagramm findet man für den Zustand der Teilluftströme

$$x_1 = 6,8 \text{ g/kg}, \qquad h_1 = 65 \text{ kJ/kg};$$
$$x_2 = 28,5 \text{ g/kg}, \qquad h_2 = 105 \text{ kJ/kg}.$$

Daraus lassen sich nach (11) für den Mischstrom errechnen

$$x_G = 14,0 \text{ g/kg}, \qquad h_G = 78,3 \text{ kJ/kg}$$

Mit diesen Werten findet man im h,x-Diagramm die weiteren Größen

$$\vartheta_G = 42°C, \qquad \varphi_G = 27\% \text{ r.F.}$$

Wie man leicht nachprüfen kann, läßt sich das Hebelgesetz auch für die Temperatur des Mischstromes anwenden. Dies gilt jedoch nur nä-

18

herungsweise, da die Isothermen keine parallelen, sondern mit zunehmendem Wassergehalt der Luft divergierende Geraden sind.

Überraschend ist, daß sich bei der Mischung zweier ungesättigter Luftmassen ein übersättigter Zustand ergeben kann. Dies ist der Fall, wenn kalte mit feucht-warmer Luft zusammentrifft. Nebelbildung erfolgt, sobald im h,x-Diagramm die Verbindungslinie zwischen den Ausgangszuständen die Sättigungslinie als Sehne schneidet und der Mischungszustand auf dieser Sehne zu liegen kommt.

Weitere Anwendungsfälle für das h,x-Diagramm finden sich bei der Psychrometrie (4.1.1) und bei Trocknungsvorgängen (6.1.3 und 6.2).

Weiterführende Literatur zu 2.

Keey, R. B., **Drying. Principles and Practice.** Pergamon Press, Oxford, New York, Toronto, Sidney, Braunschweig 1972. 358 S.

Keey, R. B., **Introduction to Industrial Drying Operations.** Pergamon Press, Oxford, New York, Toronto, Sidney, Braunschweig 1978. 376 S.

Kneule, F., **Das Trocknen.** 3. Aufl. Verlag H. R. Sauerländer & Co., Aarau, Frankfurt a. M. 1975, 720 S.

Krischer, O., Kast, W., **Die wissenschaftlichen Grundlagen der Trocknungstechnik.** (= Trocknungstechnik 1. Bd.). 3. Aufl. Springer-Verlag, Berlin, Göttingen, Heidelberg 1978. 489 S.

Sonntag, D., **Hygrometrie.** Akademie-Verlag, Berlin 1966–68. 1086 S.

3. Wasser in festen Stoffen

3.1 Ausdrucksweisen für den Wassergehalt

Man kann den Wassergehalt eines Stoffes auf die Trockensubstanz oder auf die Masse des feuchten Stoffes beziehen. Wenn Wassergehalte in Prozenten angegeben werden, bestehen die folgenden Beziehungen zwischen w_t, dem auf die Trockenmasse, und w_f, dem auf wasserhaltige Masse bezogenen Wassergehalt:

$$w_t = \frac{100 \, w_f}{100 - w_f} \tag{12a}$$

$$w_f = \frac{100 \, w_t}{100 + w_t} \tag{12b}$$

Der Unterschied zwischen den beiden Wassergehaltsangaben beginnt sich über 0,70% in der 2. Dezimale, über 2,2% in der 1. Dezimale auszuwirken, wird aber bei hohen Wassergehalten beträchtlich, wie Abbildung 7 zeigt. Bei Wassergehaltsbestimmungen, die in der

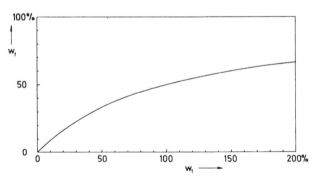

Abb. 7. Beziehung zwischen Wassergehalt auf Trockengewichtsbasis w_t und Wassergehalt auf Feuchtgewichtsbasis w_f

Ermittlung des Gewichtsverlustes einer Probe durch Trocknung bestehen (Trocknungsverlust), ist es bequem, den Wassergehalt auf das Naßgewicht zu beziehen, weil dann bei konstanten Proben-Einwaagen die Waage unmittelbar in Wassergehaltsprozenten geeicht werden kann (s. S. 75). Für die Untersuchung von Trocknungs- und Sorptionsvorgängen ist andererseits die auf das Trockengewicht bezogene Wassergehaltsangabe w_t empfehlenswert. Bei dieser Ausdrucksweise ist die Wassermenge, die eine Gehaltszunahme von $w_t = 1\%$ auf $w_t = 5\%$ bewirkt, gleich derjenigen, die den Wassergehalt von $w_t = 16\%$ auf $w_t = 20\%$ erhöht; Differenzen und Summen von Wassergehalten lassen sich daher nur mit w_t richtig bilden.

Wasseraktivität

Bereits hier sei die Wasseraktivität a_w als ein relatives Maß für den Wassergehalt genannt (s. S. 34).

Wie noch zu zeigen sein wird, lassen sich viele Erscheinungen besser mit der Wasseraktivität als mit dem Wassergehalt in Beziehung setzen. Wassergehalt und Wasseraktivität sind über die Sorptionsisotherme miteinander verknüpft.

Die Wasseraktivität ist zahlenmäßig praktisch gleich dem Verhältnis des Gleichgewichtsdampfdrucks p_w^* unmittelbar über dem feuchten Material zum Sättigungsdampfdruck bei derselben Temperatur:

$$a_w = \frac{p_w^*}{p_o} \tag{13}$$

und wurde auch, in Prozenten ausgedrückt, als ,,relative Gleichgewichtsfeuchtigkeit" bezeichnet.

3.2 Sorption

Die Erscheinung, daß Feststoffe andere Substanzen aus einer dispersen Phase aufnehmen und binden können – Farbstoffe aus einer Lösung, Gase und Dämpfe aus dem umgebendem Raum – bezeichnet man mit übergeordneten Begriff der *Sorption*. Die möglichen Beziehungen zwischen dem aufnehmenden Stoff, dem *Sorbens*, und dem gebundenen Stoff, dem *Sorptiv*, sowie die gebräuchlichen Begriffe sind in Tabelle 3 zusammengestellt.

Feste Stoffe sind gewöhnlich von Luft und damit auch von Wasserdampf umgeben. Das Zusammentreffen verschiedener ungewöhnlicher Eigenschaften des Wassers hat zur Folge, daß der Wasserdampf der Umgebungsluft mit Festkörperoberflächen in wesentlich intensivere Wechselwirkung treten kann als die übrigen atmosphärischen Gase:

– Das Wassermolekül ist ein permanenter Dipol und kann sich an polare Zentren an Feststoffoberflächen anlagern.

Abbildung 8 zeigt das gewinkelte Wassermolekül als Kalottenmodell mit den *Van der Waals*schen Wirkungsradien und daneben ein

Tab. 3.

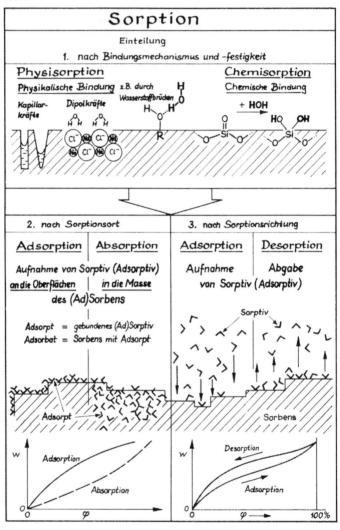

Sorption

Einteilung

1. nach Bindungsmechanismus und –festigkeit

Physisorption   **Chemisorption**

Physikalische Bindung   z.B. durch   Chemische Bindung

Kapillar-   Dipolkräfte   Wasserstoffbrücken   + HOH
kräfte

2. nach Sorptionsort   3. nach Sorptionsrichtung

Adsorption | Absorption   Adsorption | Desorption

Aufnahme von Sorptiv (Adsorptiv)   Aufnahme   Abgabe
an die Oberflächen | in die Masse   von Sorptiv (Adsorptiv)
des (Ad)Sorbens

Adsorpt = gebundenes (Ad)Sorptiv
Adsorbat = Sorbens mit Adsorpt

Modell der Orbitalstruktur. Aus dieser geht besonders deutlich hervor, daß die beiden nichtbindenden Orbitale des Sauerstoffs mit
je einem einsamen Elektronenpaar in die von den Wasserstoffatomen

22

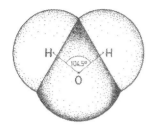 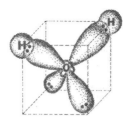

Abb. 8. Kalottenmodell (links) und Orbitalstruktur (rechts) des Wassermoleküls

abgewandte Richtung weisen. Hinzu kommt, daß die O-H-Bindung so polarisiert ist, daß je eine positive Teilladung bei jedem Wasserstoffatom, die entsprechenden negativen Teilladungen beim Sauerstoffatom liegen. Insgesamt ergibt sich aus dieser ungleichen Ladungsverteilung die Dipoleigenschaft des Wassers, das ein Dipolmoment (1,844 Debye) aufweist, während die gestreckten Moleküle der übrigen wichtigeren Atmosphärengase kein Dipolmoment besitzen.

– Das Wassermolekül zeichnet sich durch die Fähigkeit zur Bildung von Wasserstoffbrücken mit seinesgleichen und entsprechenden geeigneten Gruppen an Feststoffoberflächen aus.

– Wasser existiert im Bereich der üblichen atmosphärischen Bedingungen sowohl in kondensierter als auch in gasförmiger Phase, d. h. flüssig bzw. fest und als Dampf.

So sind die Oberflächen praktisch aller festen Materialien – Metalle, Glas, keramische und Kunststoffe – mit mehr oder weniger Wassermolekülen belegt. Poröse und feinverteilte Materialien können sehr viel größere Oberflächen aufweisen als diejenigen, welche grob sichtbar das Material geometrisch begrenzen, und entsprechend kann auch die Menge des adsorbierten Wassers „ins Gewicht" fallen, d. h. gewichtsmäßig nachweisbar werden. Der Raumanspruch des Wassers als Sorbat bedingt, daß Sorptionsvorgänge stets auch von Volumenänderungen der Sorbentien begleitet sind, deren Auswirkungen teils genutzt werden (z. B. Haarhygrometer; tablettenzerfallsfördernde Stoffe), teils Störungen verursachen (z. B. Platzen von Dragéehüllen, von Manteltabletten).

3.2.1 Hygroskopizität

Stoffe, die an feuchter Luft mit $\varphi < 100\%$ Wasser aufnehmen, im Gleichgewicht mit ihr also wasserhaltig sind, bezeichnet man als *hy-*

23

groskopisch. Danach sind solche Materialien *nicht-hygroskopisch,* die erst dann naß werden und faßbare Mengen Wasser aufnehmen, wenn Wasserdampfsättigung in der Umgebungsluft herrscht, aber bei jedem unter der Sättigung liegenden Zustand, d.h. bei Feuchtigkeiten < 100% kein Wasser binden. Schließt man hierbei rein adsorptiv gebundenes Wasser mit ein, so sind streng genommen nur ausgesprochen hydrophobe Materialien nicht-hygroskopisch. Praktisch läßt man meist das Adsorptionswasser außer acht, solange es sich im betrachteten Temperatur- und Feuchtigkeitsbereich gewichtsmäßig oder chemisch nicht bemerkbar macht. So gilt Glas für viele praktische Zwecke als nicht-hygroskopischer Werkstoff; der Chemiker, welcher eine Glasapparatur zur Vorbereitung für eine Grignard-Reaktion ausheizen muß, um sie absolut wasserfrei zu machen, wird Glas aber sehr wohl als hygroskopisch bezeichnen.

Man wird hier bemerken, daß die oben gegebene Definition der Hygroskopizität sowohl umfassender als auch klarer umgrenzt ist als die alltagsübliche, die nur solchen Stoffen die Eigenschaft „hygroskopisch" zuschreibt, die bei der zufällig herrschenden, meist mittleren Feuchtigkeit der Umgebungsluft infolge Wasseraufnahme an Gewicht zunehmen oder zerfließen.

Auch bei hygroskopischen Stoffen kennt man einen sogenannten nicht-hygroskopischen Wassergehaltsbereich. Er erstreckt sich von einem bestimmten, stoffspezifischen Wassergehalt an aufwärts, bei dem der Dampfdruck, der sich über dem Material einstellt, gleich dem Sättigungsdampfdruck wird; anders ausgedrückt: über wasserhaltigem Material, das sich im nicht-hygroskopischen Bereich befindet, herrscht immer Wasserdampfsättigung.

3.2.2 Sorptionskennlinien

Sorptionsisotherme

Hygroskopische Materialien geben an weniger feuchte Luft wieder einen Teil des Wassers ab, das sie an feuchter Luft aufgenommen haben. Ihr Wassergehalt ändert sich in Abhängigkeit von der Luftfeuchtigkeit. Mit einer gewissen Einschränkung (s.u.) ist einem bestimmten Wassergehalt in der Probe bei gegebener Temperatur ein bestimmter Wasserdampfdruck (bzw. Wert der relativen Feuchtigkeit) zugeordnet und umgekehrt. Dieser Zusammenhang wird graphisch dargestellt durch die Wasserdampfsorptionsisotherme, im folgenden kurz als Sorptionsisotherme bezeichnet. Sie beschreibt die Gleichgewichtszustände, die sich bei konstanter Temperatur zwischen Material und Umgebungsluft einstellen. Da eine gegebene relative Feuchtigkeit φ eine zahlenmäßig gleichwertige Wasseraktivität a_w im Probenmaterial bewirkt, können Sorptionsisothermen den Wassergehalt gleichbedeutend als Funktion sowohl der relativen Feuchtigkeit ($\varphi = 0{-}100\%$) als auch der Wasseraktivität ($a_w = 0{-}1{,}0$) angeben.

Bei vielen Stoffen, besonders solchen, die durch Quellung und durch Kapillarkondensation Wasser gebunden halten, beobachtet man, daß die beim *De*sorptionsvorgang erhaltene Kurve nicht mit derjenigen zur Deckung kommt, die sich bei *Ad*sorption ergibt (vgl. Abb. 9): zwischen Ad- und Desorptionsvorgang besteht eine Hystere-

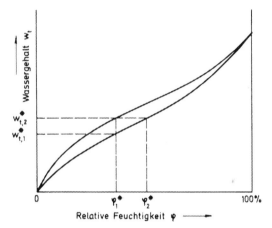

Abb. 9. Hysterese bei Wasserdampf-Sorptionsisothermen

se, d. h., ein bestimmter Wassergehalt $w_{t,2}$ wird beim Adsorptionsvorgang erst bei höherer relativer Feuchtigkeit φ_2 erreicht, während eine vorher feuchtere Probe denselben Wassergehalt annimmt, wenn sie der tieferen Feuchtigkeit φ_1 ausgesetzt wird. Anders ausgedrückt: Während Adsorption stellt sich bei einer bestimmten relativen Feuchtigkeit φ_1 ein tieferer Wassergehalt $w_{t,1}$ ein als auf dem Wege der Desorption ($w_{t,2}$). Die größten hysteresebedingten Unterschiede treten im Bereich der relativen Feuchtigkeiten zwischen 30 und 80% auf.

Zur Hysterese bei kapillarporösen Materialien gibt es verschiedene Erklärungsversuche, die alle von einem unterschiedlichen Verhalten – zum Beispiel unterschiedliche Benetzung – feuchter und trockener Kapillaren ausgehen. Da die Erscheinung auch bei nichtporösen Polymeren auftritt, kann für die Sorptionshysterese allerdings nicht nur eine einzige Ursache in Frage kommen.

Es ist hier zu erwähnen, daß auf Grund verschiedener theoretischer Modelle Sorptionsisothermen mathematisch dargestellt werden können. Wir wollen uns hier jedoch darauf beschränken, einige typische Formen qualitativ zu beschreiben (Abb. 10).

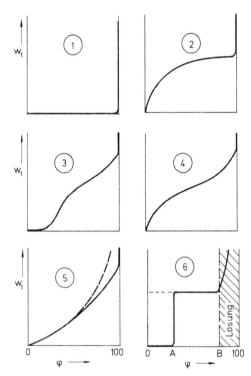

Abb. 10. Verschiedene Typen von Wasserdampfsorptionsisothermen, s. Text

1. Sorptionsisotherme eines nicht-hygroskopischen Stoffes. Bis 100 % r. F. erfolgt praktisch keine Wasseraufnahme, bei 100 % r. F. wird der Stoff oberflächlich naß und nimmt daher sprungartig Wasser in unbestimmter Menge auf.
2. In diesem Fall wird Wasser an einer begrenzten Anzahl bevorzugter Stellen adsorbiert. Jede besetzte Stelle verringert für neu ein-

treffende Wassermoleküle die Wahrscheinlichkeit, festgehalten zu werden. Der adsorbierte Wassergehalt erreicht schließlich bei Vollbesetzung einen Grenzwert, bis bei Erreichen von 100 % r. F. wiederum Oberflächenwasser kondensiert.

3. Dies ist ein Fall reiner Kapillarkondensation. Die (in diesem Beispiel hydrophoben) Kapillaren und Poren füllen sich nach zunehmenden Durchmessern, wenn die relative Feuchtigkeit ansteigt. Mit vollständiger Ausfüllung aller Poren und Kapillaren wird bei Wasserdampfsättigung ein endlicher Wassergehalt erreicht. Die Form der Isotherme wird vor allem von der Porenverteilung bestimmt.

4. Diese Kurvenform, die bei vielen pharmazeutischen Hilfsstoffen (u. a. Zellulose, Stärke, Kieselgel) angetroffen wird, stellt eine Überlagerung von 2 und 3 dar. Modellgemäß findet zunächst Besetzung von Oberflächen in einer moleküldicken Schicht statt (monomolekulare Schicht). Sodann werden weitere Molekülschichten auf die erste Schicht adsorbiert (Mehrschicht-Adsorption), bis der Wasserdampfdruck Werte erreicht, bei denen die Kondensation in Mikrokapillaren einsetzt.

5. Bei manchen hydrophilen Polymeren erleichtern (im Gegensatz zu 2) bereits sorbierte den Eintritt weiterer Wassermoleküle. Ist das Material wasserlöslich, so wird die Sorptionsisotherme für $\varphi = 100 \%$ r. F. asymptotisch (gestrichelter Verlauf).

6. Diesen unstetigen Kurvenverlauf findet man bei hydratbildenden, wasserlöslichen Stoffen. Im Bereich 0–A liegt die wasserfreie Substanz vor. Sie nimmt bei A sprungartig Kristallwasser auf und bildet ein Hydrat, das bei B zerfließt (hygroskopische Grenzfeuchtigkeit). Die bei B vorliegende gesättigte Lösung verdünnt sich durch Wasseraufnahme bei weiterer Erhöhung der Feuchtigkeit immer weiter; die Isotherme nimmt daher für $\varphi = 100 \%$ relative Feuchtigkeit asymptotischen Verlauf.

Sorptionsisosteren

Eine andere Möglichkeit, die Wechselbeziehungen zwischen dem Wassergehalt des Materials, dem der Luft und der Temperatur zu beschreiben, stellt die Sorptionsisostere dar. Ihr kann man entnehmen, welche verschiedenen Luftzustände mit dem gleichen Wassergehalt im Material im Gleichgewicht stehen. Tabelle 4 stellt den Funktionszusammenhang der beiden Sorptionskennlinien nocheinmal gegenüber.

Tab. 4.

Sorptions-kennlinie	Wassergehalt des Materials w_t	Temperatur ϑ	Wassergehalt der Luft (φ, τ oder p_w)
Isotherme	variabel	konstant	variabel
Isostere	konstant	variabel	variabel

3.3 Bindung des Wassers in festen Stoffen

Die Art und Größe der Kräfte, die für die Bindung des Wassers an feste Stoffe verantwortlich sind, ist sehr verschieden und reicht von der leicht beweglichen Flüssigkeit an benetzten Oberflächen bis zum kovalent durch Metalloxide oder Säureanhydride gebundenen Wasser.

Tabelle 5 gibt eine Übersicht über die Arten der Wasserbindung an und in festen Stoffen, zusammen mit einigen Eigenschaften des gebundenen Wassers. Dazu ist allgemein zu bemerken, daß sich im Einzelfall die verschiedenen Bindungsarten oft nur schwer gegeneinander abgrenzen lassen. Je nach Beladungszustand trifft man bei ein und demselben feuchten Material gleichzeitig mehrere Bindungszustände an, die im Verlauf der Aufnahme oder Abgabe von Wasser stufenlos sich überlappend durchlaufen werden.

Über die Stärke der Bindung gibt zahlenmäßig die Bindungswärme H_B Auskunft. Sie entspricht dem Energiebetrag, der zur Lösung der Bindung aufgewandt werden muß. Die in Tabelle 5 aufgeführten orientierenden Werte der Bindungswärme sind zum Vergleich mit der Verdampfungswärme H_L des Wassers (44 kJ/mol Wasser bei 25 °C) angegeben.

Die Sorptionswärme H_S setzt sich aus den Wärmebeträgen für die Verdampfung und für die Bindung des Wassers zusammen:

$$H_S = H_L + H_B \qquad (14)$$

Dieser Wärmebetrag muß aufgewandt werden, wenn wasserhaltiges Material getrocknet werden soll und wird umgekehrt freigesetzt, wenn trockenes Material Wasser aufnimmt.

Tab. 5. Bindung des Wassers an und in festen Stoffen

Bezeichnung	Haftwasser	Kapillarwasser		Hydratationswasser Quellungswasser	Adsorbiertes Wasser	Hydratwasser Kristallwasser	Konstitutionswasser
		Grobkapillarwasser	Mikrokapillarwasser				
Bindungszustand	ungebunden	mechanisch		physikalisch	physikochemisch	chemisch	
Bindungsverhältnis	–	nichtstöchiometrisch (kontinuierlich)				stöchiometrisch (diskontinuierlich)	
Beweglichkeit	frei	frei		⟵ abnehmend ⟶		orientiert	
Bindungswärme kJ / mol H_2O	0	0	0 · · · 5	0 · · · 20	2 · · · 60	5 · · · 40	20 · · · 105
Bindungsmechanismus	Adhäsion	Kapillarwirkung	Kapillarkondensation	Lösung, Osmose Hydratisierung	Adsorption	koordinative Bindung	kovalente Bindung
	Benetzbarkeit bei niedriger Grenzflächenspannung	kapillare Leitung in benetzbaren Makrokapillaren $r > 0,1\,\mu m$	Dampfdruckerniedrigung über gekrümmten Menisken in Mikrokapillaren $r < 0,1\,\mu m$	Wasserstoffbrücken; Dipol-Dipol-Wechselwirkungen		Dipol-Ion-Wechselwirkung	chemische Reaktivität
Beispiele	Nasse Festkörperoberflächen	Kapillarporöse Körner Glasfritten, Gebrannter Ton, Kieselgel, Molekularsiebe		Gele Gelatine Tone Carboxymethylzellulose	alle hydrophilen Festkörperoberflächen an feuchter Luft	Kristallhydrate $Na_2CO_3 \cdot 10\ H_2O$ $CaCl_2 \cdot 5\ H_2O$	Oxidhydrate $Ca(OH)_2$ kovalente Hydrate

3.3.1 Mechanismen der Bindung von Wasser

Adsorptiv gebundenes Wasser

Wie bereits erwähnt, sind die Oberflächen fester Körper mit Wassermolekülen belegt infolge der Anlagerung der Wasser-Dipole an Ionen der Oberfläche von Metallen oder Salzen oder über die Ausbildung von Wasserstoffbrücken zu geeigneten Strukturelementen wie z. B. Carboxyl-, Amin-, Hydroxyl- und Amidgruppen. Die Beladung von Oberflächen beginnt mit der Ausbildung einer moleküldicken Schicht (Monomolekularschicht). Dieses monomolekular adsorbierte Wasser weist die stärkste Bindung auf. Mit abnehmender Bindungsstärke folgt darauf die Anlagerung weiterer Molekülschichten an die bereits adsorbierten Wassermoleküle (mehrschichtig oder polymolekular adsorbiertes Wasser).

Dringt Wasser in die Masse des festen Stoffes ein, dann spricht man von *Ab*sorption. Dies ist der Fall bei vielen anorganischen und organischen Polymeren und sagt noch nichts über den Bindungsmechanismus aus. Wie bei der Oberflächen-Adsorption kann die Bindung an polare Zentren von der schwachen Pol-Dipol-Wechselwirkung bis hin zur praktisch irreversiblen kovalenten Bindung in Form von Hydroxylgruppen reichen.

Kapillar gebundenes Wasser

Der Dampfdruck einer Flüssigkeit ist in erster Linie eine temperaturabhängige Größe, hängt aber auch von ihrer Oberflächenform, genauer: vom Krümmungsradius ihrer Oberfläche, ab. Gegenüber einer ebenen Wasseroberfläche, über welcher der Dampfdruck p herrscht, ist der Dampfdruck an der Oberfläche kleiner Tröpfchen größer, in engen, benetzbaren Kapillaren niedriger (Abb. 11). Der Unterschied zum normalen Sättigungsdampfdruck – dem Dampfdruck über einer ebenen Wasserfläche – wird um so größer, je kleiner der Krümmungs-

Abb. 11. Abhängigkeit des Sättigungsdampfdrucks von der Krümmung der Flüssigkeitsoberfläche

Tab. 6. Berechnete Dampfdruckerniedrigung über wassergefüllten Kapillaren verschiedener Weite, ausgedrückt als relative Feuchtigkeit

Kapillarradius r	Relative Feuchtigkeit in %
10 µm	100
1 µm	99.9
100 nm	98.9
10 nm	89.1
2.1 nm	50.0

radius der Wasseroberfläche ist. In Kapillaren wird der Krümmungsradius durch deren Weite ausgedrückt, durch den Kapillarradius r, bestimmt. In Tabelle 6 sind berechnete Dampfdruckerniedrigungen als relative Feuchtigkeiten für verschiedene Radien r angegeben; Abbildung 12 zeigt diese Abhängigkeit als Kurvenverlauf.

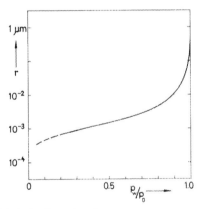

Abb. 12. Abhängigkeit der Dampfdruckerniedrigung vom Kapillarradius r

Man erkennt, daß die Dampfdruckerniedrigung über Kapillaren merklich wird, wenn ihr Radius 0,1 µm unterschreitet. Bei weiteren Kapillaren mißt man den Sättigungsdampfdruck p_o oder $\varphi = 100\%$ r. F., bei engeren Kapillaren je nach Radius die entsprechenden tieferen relativen Feuchtigkeiten. Dieser Unterschied berechtigt zu der Einteilung in Grob- oder Makrokapillaren und Mikrokapillaren.

31

Wasserdampf kondensiert aus feuchter Luft in Mikrokapillaren bereits unterhalb der Dampfsättigung als flüssiges Wasser, wenn die Feuchtigkeit die entsprechenden Werte (Tab. 6, Abb. 12) überschreitet. Diesen Vorgang bezeichnet man als Kapillarkondensation.

Bei der Wasseraufnahme aus der Gasphase werden bei tieferen relativen Feuchtigkeiten zunächst die engsten, mit ansteigender Feuchtigkeit die Kapillaren mit zunehmend weiteren Radien aufgefüllt. Grobkapillaren füllen sich erst bei Wasserdampfsättigung oder bei Benetzung mit flüssigem Wasser. Auf Kapillarkondensation in Mikrokapillaren beruht zum Teil die Trocknungswirkung von Kieselgel.

Kapillaren sind nicht nur für die Bindung, sondern auch für den Transport von Flüssigkeiten von Bedeutung. Ein fester Körper, der mit Wasser benetzbar und von einem zusammenhängenden Netzwerk von Poren, Rissen, Spalten und Kanälchen durchzogen ist, wird bereits dann vollständig durchtränkt, wenn er auch nur punktförmig mit Wasser in Berührung gebracht wird und seine Höhenausdehnung die kapillare maximale Steighöhe

$$h = \frac{2\,\sigma}{\varrho \cdot r \cdot g} \qquad (15)$$

nicht überschreitet. Hierin ist σ die Oberflächenspannung des Wassers, ϱ seine Dichte in g/cm^3, g die Fallbeschleunigung $(9,81\ m \cdot s^{-2})$ und r der Kapillarradius. So ist Kapillarität dafür verantwortlich, daß sich Kreidestückchen, Textilien und Filtrierpapier mit Wasser vollsaugen; sie leitet den Zerfallsvorgang bei Tabletten ein; zusammenhängende Flüssigkeitssäulen und -lamellen bewegen sich aus dem Innern eines Granulatkorns nach außen, wenn an den freien Enden der Kapillaren an der Kornoberfläche Wasser durch Verdunstung weggeführt wird.

Quellungswasser

Durch Quellung Wasser aufzunehmen ist eine typische Eigenschaft von hydrophilen anorganischen und insbesondere organischen Polymeren. Nach der Hydratisierung hydrophiler Gruppen durch absorbiertes Wasser können weitere Lagen von Wassermolekülen zwischen Kristallschichten bzw. Polymerketten an die primären Hydratschichten oder -hüllen eingeordnet werden. Der Prozeß der Wasseraufnahme kann sich fortsetzen, indem die Schicht- bzw. Kettenabstände durch Eindringen von weiterem, sog. Schwarmwasser größer werden. Bei fehlender Quervernetzung ist ein kontinuierlicher Übergang zur (kolloidalen) Lösung möglich (unbegrenzte Quellung), u. U. kann temperaturabhängig auch der Zustand eines Hydrogels erreicht werden. Vorhandene Quervernetzung läßt nur Gelbildung, aber keine Lösung mehr zu (begrenzte Quellung). Quellungswasser wird auch als „kolloid gebundenes Wasser" bezeichnet.

Bindung von Wasser in Lösungen

Löst man in Wasser einen nicht flüchtigen Stoff, zum Beispiel Glucose, so unterscheidet sich die Lösung vom reinen Wasser in einer Reihe von Eigenschaften. Herausgegriffen seien der tiefere Gefrierpunkt und der höhere Siedepunkt der Lösung. Beide Änderungen lassen sich auf die Erniedrigung des Wasserdampfdrucks über der Lösung zurückführen. Gegenüber reinem Wasser erniedrigt sich der Dampfdruck im selben Maß, wie das Wasser durch den gelösten Stoff „verdünnt" wird. Nach dem 2. *Raoult*'schen Gesetz ist

$$p_w = p_o \cdot x_1; \quad \frac{p_w}{p_o} = x_1 \tag{16}$$

d. h. der Dampfdruck p_w über der Lösung ist dem Molenbruch x_1 des Wassers in der Lösung proportional, oder: das Dampfdruckverhältnis ist gleich dem Molenbruch des Wassers.

Der Molenbruch x_1 ist das Verhältnis der Anzahl Mole Wasser n_1 zur Gesamtmolzahl von Wasser und Gelöstem:

$$x_1 = \frac{n_1}{n_1 + n_2} \tag{17}$$

Für eine 0,1 molale ideale wäßrige Lösung, d. i. eine Lösung, welche auf 1 kg = 55,51 Mol Wasser 0,1 Mol Gelöstes enthält, ist danach

$$\frac{p_w}{p_o} = \frac{55,51}{55,61} = 0,9982$$

Der relative Dampfdruck von 0,9982 ist gleichbedeutend mit einer relativen Feuchtigkeit von 99,82 %. Eine solche Lösung steht also im Dampfdruckgleichgewicht mit einer Umgebungsluft von 99,82 %. Das Gleichgewicht ist – wie jedes Sorptionsgleichgewicht – dynamisch: es verdampft in gleicher Zeit ebensoviel Wasser aus der Lösung wie diese aus der feuchten Luft aufnimmt. Im Falle verschwindend geringer Konzentration an Gelöstem wird $x_1 = 1$ und damit $p_w = p_o$. Unter den nichtidealen Bedingungen, wie sie bei höheren Lösungskonzentrationen vorliegen, treten zusätzlich zur Verdünnung des Wassers durch den gelösten Stoff noch Wechselwirkungen des Gelösten mit dem Wasser (Hydratisierung von Ionen, von polaren Gruppen) hinzu, welche Wasser binden und so dessen wirksame Konzentration weiter verringern, aber auch Wechselwirkungen der gelösten Moleküle untereinander. Diesem Umstand wird dadurch Rechnung getragen, daß in Gl. (16) der Molenbruch x_1 des Wassers durch seine Aktivität a_w ersetzt wird, die ihrerseits als Produkt des Aktivitätskoeffizienten f_1 mit dem Molenbruch x_1 definiert ist:

$$p_w = p_o \cdot a_w = p_o \, (f_1 \cdot x_1) \tag{18}$$

Für ideal verdünnte Lösungen wird $f_1 = 1$, womit die Aktivität zahlenmäßig wieder gleich dem Konzentrationsmaß Molenbruch wird.

Damit ist eine Verbindung zwischen dem Wassergehalt der Lösung und ihrer Auswirkung in den Dampfraum hergestellt. Die Wasseraktivität ist damit auch ein Maß für den Wassergehalt und dies nun nicht nur für Lösungen: Alle wasserhaltigen Stoffe können mit einem a_w-Wert charakterisiert werden. An Bindungen beteiligtes Wasser ist nicht mehr voll aktiv für den Dampfdruck. Im Falle der Bindung des Wassers in Lösungen ist Wasser nicht nur durch Gelöstes verdünnt ($f_w = 1$), sondern zum Teil in Hydrathüllen um Ionen oder polare Gruppen orientiert und gebunden ($f_w < 1$).

Hier interessiert hauptsächlich der Fall der gesättigten wäßrigen Lösung. Die Oberfläche feuchter wasserlöslicher Substanzen ist nicht mit reinem Wasser, sondern einem Film der gesättigten Substanzlösung überzogen. Daher herrscht über einem solchen Material nicht der Dampfdruck des reinen Wassers, sondern derjenige der gesättigten Lösung des Stoffes. Es tritt also auch über feuchten löslichen Substanzen eine Dampfdruckerniedrigung ein. Umgekehrt bedeutet dies, daß eine wasserlösliche Substanz bereits dann feucht wird, wenn bei gegebener Temperatur der Wasserdampfpartialdruck über den der gesättigten Lösung steigt. Die relative Feuchtigkeit, bei der eben die Wasseraktivität der gesättigten Lösung erreicht ist, wird als *hygroskopischer Punkt,* besser als *hygroskopische Grenzfeuchtigkeit* φ_h bezeichnet, weil bei diesem Feuchtigkeitswert die Existenzgrenze des Systems „fest/gasförmig" erreicht ist. Es geht oberhalb dieser Feuchtigkeit in ein System „flüssig/gasförmig" über: die Substanz zerfließt bei der hygroskopischen Grenzfeuchtigkeit unter Bildung ihrer gesättigten Lösung, die bei weiter ansteigender Feuchtigkeit in eine verdünnte Lösung übergeht.

Eine praktische Anwendung findet die Dampfdruckerniedrigung

über gesättigten Lösungen bzw. feuchten Salzen in der Möglichkeit, damit konstante Wasserdampfdrücke bzw. Feuchtigkeiten in kleinen, abgeschlossenen Behältern (z. B. Exsikkatoren) zu erzeugen. In Abbildung 13 ist für eine Reihe von gesättigten Salzlösungen der Gang

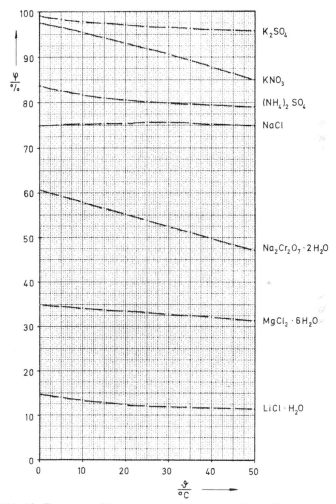

Abb. 13. Temperaturabhängigkeit der relativen Feuchtigkeit über gesättigten Salzlösungen

der relativen Feuchtigkeit mit der Temperatur dargestellt. Man sieht, daß die Temperaturabhängigkeit verhältnismäßig gering ist, was dem Gebrauch solcher Lösungen als „Hygrostatenflüssigkeiten" entgegenkommt (s. hierzu auch Tabelle III im Anhang).

Hydrate

Von kristallisierbaren Stoffen kann Wasser – sowohl bei der Kristallisation aus Lösungen als auch aus feuchter Luft – unter Bildung von Hydraten aufgenommen werden. Unter diesem Begriff werden wasserhaltige Verbindungen zusammengefaßt, bei denen das Wasser als Koordinationswasser oder als Strukturwasser in verschiedener Funktion auftreten kann. Viele anorganische Salze enthalten sowohl Koordinations- als auch Strukturwasser in stöchiometrischen Verhältnissen.

Koordinationswasser

Wassermoleküle sind in stöchiometrischen Verhältnissen fest einzelnen Ionen als Hydrathüllen zugeordnet. Beispiele sind die hydratisierten Kationen $Na^+ \cdot 6H_2O$ und $Mg^{2+} \cdot 6H_2O$. Im Kristallgitter ist also Koordinationswasser bereits Bestandteil der Gitterbausteine.

Strukturwasser

Bei diesem Bindungstyp kann man zwei entgegengesetzte Möglichkeiten unterscheiden:
1. Wassermoleküle besetzen Lücken in der Struktur eines Kristallgitters, aus denen sie unter gewissen Bedingungen ohne Zusammenbruch oder Veränderung der Kristallstruktur entfernt werden können. Hierher gehören die zahlreichen Hydrate organischer Salze und Neutralstoffe. Als Grenzfälle, die zu den kapillarporösen Stoffen überleiten, sind die Zeolithe und Molekularsiebe zu nennen; das sind natürliche bzw. synthetische Alkali- und Erdalkalialuminosilikate, in die Wasser durch regelmäßige, enge Poren in Hohlräume des dreidimensionalen Kristallgitters eindringen kann. Sie können mit genau definiertem Porendurchmesser hergestellt werden (3, 4, 5, 10 Å je nach Molekularsieb-Typ) und werden als hervorragende Adsorbentien und Trockenmittel eingesetzt.
2. Bei manchen wasserreichen Hydraten bilden die Wassermoleküle selbst das zusammenhängende Strukturgerüst, wie das bei Hydraten von Gasen (Ammoniak, Chlor, Edelgase, niedere Kohlenwasserstoffe) der Fall ist.

36

Eine besondere Gruppe von Hydraten mit Strukturwasser stellen die in nichtstöchiometrischen Verhältnissen kristallisierenden *Clathrate* dar. Das sind Einschlußverbindungen, bei denen Wirtsmoleküle käfig- oder kanalartige Hohlräume bilden, in die während des Kristallisationsvorgangs Gastmoleküle eingeschlossen werden. Wasser kann die Rolle des „Wirts" – bei den Gashydraten – oder die des „Gastes" übernehmen, wofür das Warfarin-Natrium ein Beispiel von pharmazeutischem Interesse liefert, welches mit Isopropanol und Wasser in den Verhältnissen 8:4:0 bis 8:2:2 ein Clathrat bildet.

Wie verschiedene Kristallmodifikationen derselben Substanz (*Polymorphie*) unterscheiden sich auch Hydrate von der wasserfreien Substanz in ihren physikalischen Eigenschaften (z.B. Dichte, Kristallform, Infrarotspektrum, Röntgenbeugungsdiagramm). Darum wird die Existenz von Hydraten und anderen Solvaten bei einer Substanz auch als *Pseudopolymorphie* bezeichnet. Pharmazeutisch ist von Bedeutung, daß die Löslichkeit und damit auch die Lösungsgeschwindigkeit von Hydraten im Raum- und Körpertemperaturbereich in der Regel geringer sind als die der wasserfreien Substanz.

Je nach dem molaren Verhältnis des Wassergehalts spricht man vom Hemi-, Mono-, Sesqui-, Di-, Tri-, Tetra-, Pentahydrat ... für die Bindung von $\frac{1}{2}$, 1, $1\frac{1}{2}$, 2, 3, 4, 5 ... Mol Wasser je Mol wasserfreier Substanz. Die Beständigkeit von Hydraten ist stoffspezifisch an ganz bestimmte Temperatur- und Dampfdruckbereiche gebunden. Bei einer gegebenen Temperatur wird unterhalb eines bestimmten Wasserdampfpartialdrucks in der Umgebungsluft Kristallwasser abgegeben, liegt der herrschende Wasserdampfpartialdruck darüber, so wird das Kristallwasser beibehalten bzw. wieder aufgenommen. Bei Mehrfachhydraten erfolgt die Wasseraufnahme bzw. -abgabe oft stufenweise, woran man erkennt, daß Art und Festigkeit der Wasserbindung in ein und demselben Kristall verschieden sein können. So werden z.B. bei Natriumcarbonatdekahydrat das erste Mol Kristallwasser mit 13,3, das 2.–7. mit je 9,3 und die letzten drei Mol bis zum Dekahydrat nur noch mit je 7,7 kJ/Mol Wasser gebunden.

Im Gegensatz zu den bisher besprochenen Substanzen mit stetigem Verlauf der Sorptionsisothermen, bei denen im ganzen Feuchtigkeitsbereich Wasser in nichtstöchiometrischen Verhältnissen gebunden wird, erfolgt bei Hydratbildung die Wasseraufnahme bei einem bestimmten Wasserdampfdruck oder innerhalb eines sehr engen Dampfdruckintervalls. In der Sorptionsisotherme drückt sich das als Stufe aus. Bei vielen Substanzen (z.B. den anorganischen Salzen Kupfersulfat, Natriumsulfat, Natriumcarbonat, Kobaltsalzen), die mehrere Mole Kristallwasser binden, nimmt die Sorptionsisotherme dann einen treppenförmigen Verlauf. Abbildung 14a zeigt die Wasserdampfsortionsisotherme des Dinatriumhydrogenphosphats, das als Di-, Hepta- und Dodekahydrat auftreten kann. Wie das Wasser selbst weisen auch Hydrate einen temperaturabhängigen Wasserdampfdruck auf. Oberhalb einer bestimmten Temperatur, der Umwand-

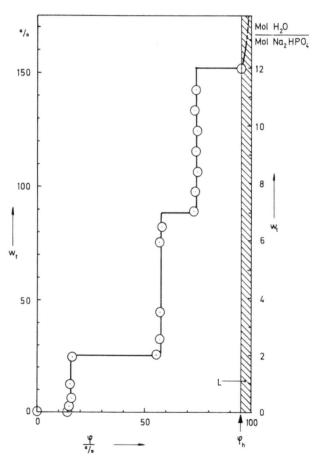

Abb. 14a. Wasserdampfsorptionsisotherme des Dinatriumhydrogenphosphats bei 20 °C. L = Bereich der Lösung; φ_h = hygroskopische Grenzfeuchtigkeit. Nach Werten aus Gmelin[6]

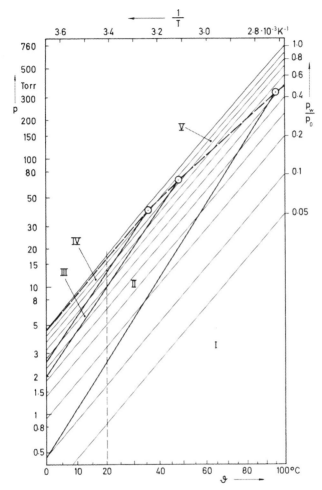

Abb. 14b. Das Dinatriumhydrogenphosphat-Wasser-System. Siehe Text. Die gestrichelte senkrechte Linie bei 20 °C entspricht der Sorptionsisothermen Abb. 14 a

lungs- oder Zersetzungstemperatur ϑ_u, bei welcher der über dem festen Hydrat herrschende Wasserdampfdruck denselben Wert erreicht, der über einer gesättigten Lösung herrscht, ist ein Hydrat nicht mehr beständig. So zerfällt das Dodekahydrat des Dinatriumhydrogen-phosphats bei Temperaturen oberhalb 36 °C – selbst in wasserdampf-gesättigter Atmosphäre oder im Gleichgewicht mit der gesättigten wäßrigen Lösung –, und über 48 °C sind nur noch das Dihydrat und die wasserfreie Form, aber nicht mehr das Heptahydrat existenzfähig.

Ein vollständiges Bild der Verhältnisse im System Dinatriumhydro-genphosphat-Wasser gibt das Diagramm Abbildung 14 b, in dem der Wasserdampfdruck logarithmisch über der reziproken Absoluttempe-ratur aufgetragen ist. Der Verlauf des Dampfdrucks über den einzel-nen Hydratstufen ergibt in guter Näherung Geraden (wir werden die-ser Darstellung bei den Sorptionsisosteren noch einmal begegnen, s. S. 96); sie teilen das dargestellte Temperatur-Dampfdruck-Gebiet in Felder auf, welche mit den Existenzbereichen der einzelnen Zustands-formen des Salzes identisch sind:

In fester Form ist Dinatriumhydrogenphosphat in den Feldern I wasserfrei, II als Dihydrat, III als Heptahydrat und IV als Dodekahy-drat beständig; gegen hohe Wasserdampfdrücke sind die Bereiche be-grenzt durch die Dampfdruckkurve über der gesättigten Lösung (ge-strichelt). Der Bereich der wäßrigen Lösung (V) liegt zwischen den Dampfdrucklinien des Wassers und der gesättigten Lösung des Salzes.

Auf den Dampfdrucklinien selbst sind jeweils zwei Phasen neben-einander beständig (wasserfrei und Dihydrat; zwei verschiedene Hy-dratstufen; festes Salz und gesättigte Lösung). Die Umwandlungs-punkte sind (entsprechend dem Tripelpunkt des Wassers) sogenannte invariante Punkte, bei denen drei Phasen – zwei feste Formen und die gesättigte Lösung – koexistent sind. Hier führt jede geringfügige Än-derung der Temperatur oder des Dampfdrucks zum Verschwinden ei-ner der drei Phasen.

Aus dem Diagramm Abbildung 14 b können für jede Temperatur innerhalb des dargestellten Bereichs die Sorptionsisothermen des Di-natriumhydrogenphosphats rekonstruiert werden; die Schnittpunkte einer Senkrechten über der Temperaturachse mit den Hydrat-Dampfdrucklinien ergeben die (absoluten bzw. relativen) Dampf-drücke, bei denen die Stufen der Sorptionsisotherme (vgl. Abb. 14 a) liegen, und der Schnitt mit der Dampfdruckkurve über der gesättigten Lösung ergibt die hygroskopische Grenzfeuchtigkeit.

Die Umwandlungstemperaturen drücken sich auch in der Tempera-turabhängigkeit des in Abbildung 15 wiedergegebenen Lösungs-gleichgewichts in Wasser aus. Bei den Umwandlungstemperaturen ist die Stetigkeit der Löslichkeitskurve jeweils durch einen Knick unter-brochen. (Der zusätzliche Knick in der Löslichkeitskurve im Bereich

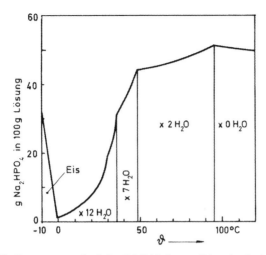

Abb. 15. Temperaturverlauf der Löslichkeit von Dinatriumhydrogenphosphat in Wasser. Aus Landolt-Börnstein[7]. Mit freundlicher Erlaubnis des Springer Verlags, Berlin, Heidelberg, New York.

des Dodekahydrats rührt davon her, daß dieses in zwei Kristallmodifikationen vorkommt. Diese weisen ihrerseits ebenfalls verschiedene Existenzbereiche und verschiedene Löslichkeiten auf. Die Temperatur, bei der sie ineinander übergehen, liegt bei 29,6 °C).

Konstitutionswasser

Wasser, welches wie in den Kohlenhydraten in Form von Hydroxylgruppen enthalten ist und solches, das durch Ablauf chemischer Reaktionen wie Hydrolyse von Estern, Amiden, Hydratisierung von Anhydriden (CaO; P_2O_5) verbraucht wird, betrachten wir – mindestens im Rahmen der in der pharmazeutischen Technologie anwendbaren Temperaturen und möglichen Bedingungen – als irreversibel gebunden. Wasseraufnahme auf diesem Wege spielt eine Rolle bei den als Beispiel genannten Trockenmitteln, aber auch in den unerwünschten hydrolytischen Abbaureaktionen, von denen als Beispiel nur die Hydrolyse von Acetylsalicylsäure genannt sei.

41

Kovalente Hydrate

Bei der Bildung kovalenter Hydrate wird Wasser in ein organisches Molekül eingebaut, wobei seine Bestandteile H und OH hauptvalent gebunden werden. Stark elektronegativ substituierte Carbonylgruppen sind typische Akzeptoren für eine derartige Hydratisierung. Die Addition von Wasser führt dabei zu einem geminalen Diol:

Für die Hydratation von C=N-Bindungen in Stickstoffheterocyclen – hier am Chinazolin gezeigt – sind zahlreiche Beispiele bekannt geworden.

Sie stehen dort meistens mit Ionisationsgleichgewichten in Zusammenhang.

Kovalente Hydrate lassen sich von Kristallhydraten mit spektroskopischen Methoden unterscheiden. Mit den Kristallhydraten haben sie gemeinsam, daß die Bindung des Wassers unter ähnlichen Bedingungen wie bei diesen erfolgen und der Vorgang reversibel sein kann. Es ist deshalb gerechtfertigt, die kovalenten Hydrate als Gruppe von den übrigen Konstitutionswasser enthaltenden Verbindungen abzusondern.

3.3.2 Bindung des Wassers in einigen pharmazeutisch wichtigen Grundstoffen

Angesichts der Fülle pharmazeutisch verwendeter Wirk- und Hilfsstoffe müssen wir uns darauf beschränken, einige wenige Substanzen herauszugreifen, um an diesen Beispielen Sorptionsverhalten und Wasserbindung sowie deren molekulare Grundlage näher zu betrachten.

Niedermolekulare kristalline Stoffe

Pharmaka synthetischer und halbsynthetischer Herkunft sowie rein dargestellte Naturstoffe sind in der überwiegenden Mehrzahl kristallin. Bei ihnen spielt Wasseraufnahme durch physikalische Oberflächenadsorption kaum eine Rolle. Dies gilt auch für solche häufig verwendeten Hilfsstoffe wie Lactose, Glucose, Saccharose, Mannit, Calciumphosphate. Mitunter muß durch Feinmahlung oder Mikronisierung die Korngröße verringert und damit die spezifische Oberfläche des Materials stark vergrößert werden – bei niedrig dosierten Wirkstoffen zur Erzielung homogener Substanzverteilung in Gemischen und Granulaten für feste Darreichungsformen, bei schwerlöslichen Substanzen zur Beschleunigung der Auflösung. Dann können polare Substanzen von spezifischen Oberflächen von einem bis wenigen m^2/g an aufwärts merkliche Wassermengen adsorbieren.

Häufig ist hingegen bei kristallinen Substanzen – Säuren, Basen, Salzen und Neutralstoffen – Wasserbindung durch Hydratbildung anzutreffen. Es ist erstaunlich, wie viele arzneiliche Wirkstoffe sich bei näherer Untersuchung als zur Bildung kristalliner Hydrate befähigt herausstellen, insbesondere, wenn auch die höchsten relativen Feuchtigkeiten in die Untersuchungen mit einbezogen werden.

Amorphe Stoffe

Die Wasseraufnahme kann auch bei niedermolekularen Stoffen beträchtliche Ausmaße dann erreichen, wenn dieselbe Substanz nicht kristallin, sondern amorph vorliegt. Polare Gruppen im Molekül, die im kristallin geordneten Zustand durch intermolekulare Bindungen den Zusammenhalt des Kristallgitters bewirken, stehen im amorph ungeordneten Zustand für die Bindung von Wasser zur Verfügung.

Die hohe Sorptionskapazität der amorphen im Vergleich zur kristallinen Form ist besonders bei Kohlenhydraten (glasig erstarrte Zuckerschmelze; sprühgetrocknete Lactose) gezeigt worden.[8]

Amorphe *Saccharose*, die aus feuchter Luft Wasserdampf sorbiert hat, kann als übersättigte Saccharoselösung aufgefaßt werden. Der Übergang aus diesem labilen in einen stabilen Zustand erfolgt, sobald der Zucker zu kristallisieren beginnt. Nach beendeter Kristallisation liegt das absorbierte Wasser in Form der gesättigten Lösung vor, aus der es – je nach herrschender Umgebungsfeuchtigkeit – mehr oder weniger rasch abgegeben werden kann.

Wie sich der Wassergehalt im zeitlichen Verlauf ändert, wenn amorphe *Lactose* höherer Feuchtigkeit ausgesetzt wird, ist in Abbildung 16 dargestellt. Nach anfänglich steilem Anstieg zu hohem Wassergehalt fällt dieser bei einsetzender Kristallisation (XX) wieder ab, um schließlich beim Wert für das Monohydrat konstant zu werden.[10]

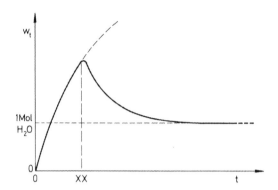

Abb. 16. Zeitlicher Verlauf der Wasseraufnahme durch amorphe Lactose bei hoher Feuchtigkeit, schematisch. Bei XX setzt Kristallisation ein

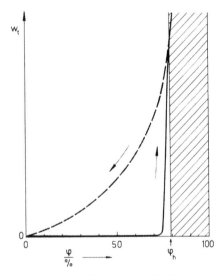

Abb. 17. Verlauf der Desorptionsisotherme bei Vorliegen einer übersättigten Lösung, schematisch. Schraffiert: Existenzbereich der gesättigten (φ_h) und verdünnten Lösung

In Abbildung 17 gibt die untere Kurve die Adsorptionsisotherme eines kristallinen Salzes oder Zuckers wieder. Bis die hygroskopische Grenzfeuchtigkeit erreicht ist, wird nur sehr wenig Wasser adsorptiv aufgenommen, dann aber steigt der Wassergehalt durch Bildung und Verdünnung der Lösung stark an. Wird nun umgekehrt einer Lösung Wasser durch Trocknung entzogen, so nimmt die Konzentration an Gelöstem zu. Wenn die Sättigungskonzentration überschritten wird, setzt dabei gewöhnlich Kristallisation ein. Es kann aber auch vorkommen, daß die Kristallisation unterbleibt und die Lösung in den Zustand der Übersättigung gerät. Dann bleibt wesentlich mehr Wasser gebunden (obere Kurve), als der Wassermenge entspricht, die von der Oberfläche derselben Substanz in fester, kristalliner Form durch Adsorption gebunden würde. Mit solchem Verhalten muß man auch rechnen, wenn sehr leicht wasserlösliche und wenig kristallisationsfreudige Wirkstoffe in wasserfeuchten Tablettengranulaten getrocknet werden.

Von einigen Zuckern und Zuckeralkoholen sind in Tabelle 7 die hygroskopischen Grenzfeuchtigkeiten, erhalten durch Messung des Taupunktes oder des Dampfdrucks über der gesättigten Lösung, wiedergegeben.

Tab. 7. Wasseraktivitäten gesättigter wäßriger Lösungen (gleichbedeutend mit den hygroskopischen Grenzfeuchtigkeiten) einiger Zucker und Zuckeralkohole

Substanz	a_w	Substanz	a_w
Fructose	0.64	Saccharose	0.77
Galactose	0.86	Mannit	0.90
Glucose	0.81	Sorbit	0.82
Lactose	0.93		

Wirkstoffe

Mit welchen Möglichkeiten bei der Bildung und der Beständigkeit von Hydraten zu rechnen ist, sei an den folgenden Wirkstoffen dargestellt.

Die beiden methylierten Xanthine *Coffein* und *Theophyllin* kristallisieren aus Wasser als Monohydrate. Die wasserfreien Wirkstoffe nehmen bei Raumtemperatur (23°C) auch an der Luft bei hoher Feuchtigkeit Kristallwasser auf, Coffein oberhalb $\varphi = 80\%$, Theophyllin oberhalb $\varphi = 75\%$. Werden die Hydrate ohne Anwendung höherer Temperatur über Trockenmitteln getrocknet, so verschiebt sich die Feuchtigkeitsschwelle der Wiederaufnahme von Kristallwasser nach tieferen Werten: bei Coffein von 80 nach ca. 75%, bei Theophyllin von 75 nach ca. 60% r. F. Die Kristallwasserabgabe aus Coffeinhydrat findet bei Feuchtigkeiten unterhalb etwa 50%, aus Theophyllinhydrat unterhalb 33% statt.

Die freie Base des *Procain* geht an feuchter Luft von 25°C bei $\varphi >$ 80% r.f. in das Dihydrat über. Bei fallender Feuchtigkeit wird das Kristallwasser in einer einzigen Stufe erst unterhalb $\varphi = 55\%$ wieder abgegeben. Bei der näheren Untersuchung im Vakuum findet man diese Hysterese zwischen Kristallwasseraufnahme und -abgabe nicht mehr, sondern nur eine einzige Stufe für Ad- und Desorption bei $\varphi = 57,1\%$ r.f. (23°C).[11] Daß der Unterschied im Verhalten eines Hydrats zwischen Anwesenheit (d.h. unter Atmosphärendruck) und Abwesenheit (im Vakuum) eines Fremdgases nicht verallgemeinert werden kann, belegt das nächste Beispiel.

Das Antiphlogisticum *Diclofenac Natrium* (VOLTAREN®) bildet beim Überschreiten einer Feuchtigkeit von $\varphi = 51\%$ (25°C) ein Pentahydrat. Hier bleibt auch im Vakuum eine Hysterese erhalten: erst, wenn die relative Feuchtigkeit unter 31% sinkt, wird das gesamte Kristallwasser in einer einzigen Stufe wieder abgegeben.

Codeinphosphat bildet ein Hemihydrat, das bei $\varphi = 80\%$ r.F. in ein Sesquihydrat übergeht. Dieses ist dann bei Feuchtigkeiten bis $\varphi = 33\%$ r.F. beständig; erst an noch trockenerer Luft bildet sich das Hemihydrat zurück. Bei Kristallisation aus Wasser und sehr schonender Trocknung (Raumtemperatur, $\varphi = 80\%$ r.F.) kann auch ein Dihydrat erhalten werden.[12]

Nicht weniger als 6 verschiedene Hydrate sind von *g-Strophanthin* (*Ouabain*) isoliert und charakterisiert worden.[13] Je nach Lösungsmittel (Wasser und wasserhaltige Lösungsmittel) und Kristallisationstemperatur wurden Präparate mit 2, 3, 4, $4^1/_2$, 8 und 9 Mol Kristallwassergehalt isoliert.

Chloralhydrat ist ein Beispiel für ein kovalentes Hydrat. Es zerfällt beim Siedepunkt (98°C) in Choral und Wasser

$$Cl_3C-\overset{\underset{\displaystyle H}{|}}{\overset{\displaystyle OH}{C}}-OH \quad \xrightarrow{98°C} \quad Cl_3C-C\underset{H}{\overset{O}{\diagup\!\!\!\backslash}} + H_2O$$

Anorganische Hilfsstoffe

Dicalciumphosphatdihydrat

Dieser zur Direkttablettierung viel gebrauchte Füllstoff, dessen Wassergehalt theoretisch $w_f = 20,9\%$ beträgt, verliert ungewöhnlich langsam, d.h. im Laufe vieler Wochen, das Kristallwasser bei Raumtemperatur unter $\phi = 20\%$ r. F., bei 35 °C unter $\phi = 70\%$ r. F. sowie bei 50 °C bei jeder beliebigen Feuchtigkeit. Die Hydrat-Zersetzungstemperatur liegt bei etwa 40 °C. Bei der Wassergehaltsbestimmung durch Trocknung bei den hierfür üblichen Temperaturen werden im Verlauf einiger Stunden nur wenige Gewichtsprozente Wasser abgegeben (Tab. 8), während eine Karl-Fischer-Titration den gesamten Kristallwassergehalt erfaßt.

Tab. 8. Thermische Entwässerung von Dicalciumphosphatdihydrat

T r o c k n u n g		Wasser-abgabe
Temperatur °C	Dauer h	Mol H_2O
105 {	0.5	0.07
	1.0	0.10
	1.5	0.11
	2.0	0.12
108		0.5
150	5.0	1.0
185		2.0

Siliciumdioxidpräparate

Sowohl das kolloidale, röntgenamorphe Kieselsäure-Aerogel (Aerosil®) wie auch die in der Adsorptionschromatographie und als Trockenmittel eingesetzten Kieselgele bestehen aus Siliciumdioxid. Die Oberflächen dieser Stoffe sollten somit nur Siloxan-Bindungen (Si–O–Si) aufweisen und hydrophobes Verhalten zeigen. Die Eigenschaften der Kieselgele werden nun aber gerade dadurch bestimmt, daß an den Oberflächen je nach Entstehungsgeschichte und Nachbehandlung in verschiedenem Ausmaß freie Valenzen des Siliciums durch Hydroxylgruppen abgesättigt sind (Abb. 18). Sie treten als Silanol- und als Silandiolgruppen auf und stellen Adsorptionszentren für polare Stoffe und damit auch für Wasser dar. Die Bindung der ersten Wassermoleküle erfolgt einzeln über Wasserstoffbrücken an die Silanolgruppen.

Sind alle Silanolgruppen einzeln abgesättigt, dann können benachbarte adsorbierte Wassermoleküle auch untereinander über Wasser-

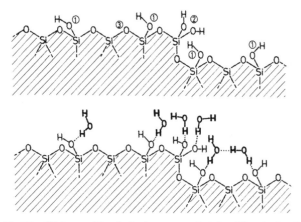

Abb. 18. Oberfläche von Kieselgel; oben: wasserfrei, 1 = Silanol-, 2 = Silandiol-, 3 = Siloxangruppen; unten: mit adsorbiertem Wasser

stoffbrücken in Wechselwirkung treten. Bei weiterem Angebot beginnen die adsorbierten Moleküle über eine zweite Wasserstoffbrücke je ein weiteres Wassermolekül zu binden. Die weitere Belegung der Oberflächen erfolgt so, daß vernetzte Molekülschichten entstehen.[14] Die Wasseraufnahme durch das kolloidale Kieselsäure-Aerogel ist mit diesen Mechanismen erschöpft und liegt bei vergleichsweise tiefer Kapazität (bei 40 % relativer Feuchtigkeit werden von Aerosil® 200 entsprechend einer spezifischen Oberfläche von ca. 200 $m^2 \cdot g^{-1}$ etwa 2,5 – 3 g Wasser/100 g adsorbiert). Demgegenüber setzt sie sich bei den porösen gefällten Kieselgelen durch Kapillarkondensation zu wesentlich höheren Beladungen bis zu 40 % des Trockengewichts fort.

Silikate

Montmorillonit

Das Tonmineral Montmorillonit, der Hauptbestandteil der Bentonite, hat ein hohes Sorptionsvermögen für Wasserdampf. Wie Abbildung 19 schematisch zeigt, ist dieses Mineral aus Schichten oder Lamellen aufgebaut, die aus je zwei zweidimensionalen $(Si_4O_{10})^{4-}$-Netzen bestehen, welche eine Schicht Al^{3+}- und Hydroxylionen einschließen. Ein Teil der Al-ionen ist durch Mg^{2+}-Ionen ersetzt, wodurch die

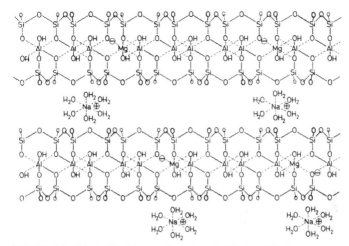

Abb. 19. Idealisierte Struktur des Tonminerals Montmorillonit,
$Al_5Mg [(OH)_2Si_4O_{10}]_3^- Na^+$

Schichten negative Überschußladungen erhalten. Diese werden kompensiert durch Na^+-Ionen, die in hydratisierter Form zwischen die Lamellen eingelagert sind. Der Raum zwischen den Lamellen weitet sich bei Wasseraufnahme stark auf, wodurch das Quellen des Tones verursacht wird.

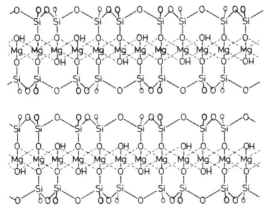

Abb. 20. Idealisierte Struktur von Talk, $Mg_3(OH)_2Si_4O_{10}$

49

Talk

Der Struktur von Talk liegt derselbe Bauplan zugrunde (Abb. 20). Die beiden Silikatnetze einer Schicht werden jedoch ausschließlich durch Mg^{2+}-Ionen verbunden, daher sind die Schichten elektrisch neutral. Benachbarte Schichten sind einander unmittelbar mit hydrophoben Siloxanbindungen zugewandt und werden nur durch schwache *Van der Waals*sche Kräfte zusammengehalten; bereits geringe Scherkräfte genügen, die Schichten zu gegenseitigen Gleiten zu bringen. Es fehlen darum auch die hydrophilen Alkalikationen im Raum zwischen den Schichten, die im Montmorillonit einerseits feste Bindung, aber auch Wasseraufnahme vermitteln. Damit läßt sich erklären, daß Talk extrem weich ist und trotz enger struktureller Verwandtschaft mit Montmorillonit praktisch kein Wasser sorbiert.

Magnesiumstearat

Von Magnesiumstearat sind zwei Kristallformen bekannt, die sich in ihrem Hydratwassergehalt unterscheiden; die Grenzen zwischen den Hydratstufen sind jedoch fließend. Die Nadelform enthält in der Regel um drei, die Plättchenform zwei Mol Wasser. Nur das plättchenförmige Magnesiumstearat weist die idealen Eigenschaften als Trockenschmiermittel auf, wie sie für den Einsatz bei der Tablettenherstellung gebraucht werden. Trocknet man die wasserreicheren Magnesiumstearatformen bei 40 °C im Vakuum, so erhält man ein Produkt mit etwa 1 Mol Wasser. Einmal abgegebenes Hydratwasser wird nicht wieder aufgenommen.[15]

Organische Hilfsstoffe

Lactose

Der in großem Ausmaß als Tablettenfüllstoff eingesetzte Milchzucker ist das α-Lactose-Monohydrat mit einem Wassergehalt von $w_f = 5,0\%$. Das Kristallwasser ist sehr fest gebunden und wird erst bei 120 °C abgegeben. Es ist daher unter den üblichen Temperaturbedingungen der Herstellung und Lagerung von Arzneimitteln nicht für hydrolytische Abbaureaktionen verfügbar.

Durch Bestimmung des Trocknungsverlustes bei darunterliegenden Temperaturen, z. B. 105 °C, wird das Kristallwasser nicht erfaßt, sondern nur das in geringer Menge vorhandene adsorbierte Wasser.

Die hygroskopische Grenzfeuchtigkeit liegt bei 93,6% r.F. (25°C). Hinsichtlich der Kristallwasseraufnahme verhalten sich die beiden Anomeren der Lactose verschieden. Während wasserfreie α-Lactose bei Raumtemperatur bei Feuchtigkeiten über 70% sehr langsam in das α-Monohydrat übergeht, ist das β-Anomere weniger hygroskopisch: bis $\varphi = 90\%$ wird keine Wasseraufnahme beobachtet; sie erfolgt erst nahe bei Wasserdampfsättigung, wobei sich dann ebenfalls das α-Lactose-Monohydrat bildet.[16] Wasserfreie amorphe Lactose kann z.B. durch Sprühtrocknung erhalten werden. Wird sie hohen Feuchtigkeiten ausgesetzt, dann sorbiert sie zunächst eine den Monohydratgehalt weit übertreffende Wassermenge, bis nach kurzer Zeit spontan Kristallisation des Monohydrats einsetzt, worauf das überschießende Wasser wieder abgegeben wird (s. Abb. 16). Bei tiefen Feuchtigkeiten kann trotz genügender Wasseraufnahme der amorphe Zustand über lange Zeiträume beibehalten werden.[10]

Stärke

Abbildung 21 zeigt einen Ausschnitt aus der verzweigten Kette eines Amylopektinmoleküls; Amylopektin stellt mit einem Anteil von 72–84% (neben 20–30% Amylose: unverzweigte Ketten) den Hauptbestandteil der Stärke dar.

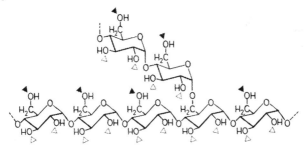

Abb. 21. Ausschnitt aus einer Amylopektin-Kette der Stärke. Die vollen Pfeile weisen auf die zur Bindung starker Wasserstoffbrücken befähigten primären, die leeren Pfeile auf die sekundären Hydroxylgruppen

Man hat nachgewiesen, daß für die Bindung des Wassers die primäre und die beiden sekundären Hydroxylgruppen entscheidend sind und die Sauerstoffbrückenatome des Pyranoserings und der Glycosidbindung an der Adsorption nicht teilnehmen. In den kristallinen Mizellen sind die Molekülketten durch Wasserstoffbrücken verknüpft, deren Bindungsstärke diejenige übertrifft, die zwischen Wassermolekülen und Hydroxylgruppen bestehen. Daher sorbieren nur die amorphen Bereiche, die etwa 70% des Stärkekorns ausmachen. Durch sorbiertes Wasser wird aber auch insgesamt die Kristallinität der Stärke verändert. Sie nimmt mit steigendem Wassergehalt zu. Der Wassergehalt der Stärkesorten des Handels bewegt sich zwischen 10 und 17%. Hiervon sind 8–11% sehr fest gebunden und entsprechen etwa einem Stärke-Monohydrat, $(C_6H_{10}O_5 \cdot H_2O)_n$. In Übereinstimmung damit macht sich bei dielektrischen Messungen der Wassergehalt erst ab oberhalb 10–11% an der Änderung der Dielektrizitätskonstanten bemerkbar. Vollständige Entwässerung gelingt durch längeres Erhitzen im Vakuum oder durch azeotrope Destillation. Sie hat aber zur Folge, daß die mikrokristallinen Anteile der Stärke amorph werden, wie mit Röntgenbeugungsdiagrammen nachgewiesen werden kann.

Die Sorptionsisotherme von Weizenstärke ist in Abbildung 22 enthalten.

Die aufgenommene Wassermenge beträgt bei Wasserdampfsättigung bis zu 40% des Trockengewichts bei Mais- und bis zu 51% bei

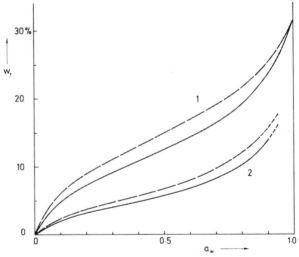

Abb. 22. Wasserdampfsorptionsisothermen von 1 Weizenstärke und 2 mikrokristalliner Zellulose (Avicel®) (25°C)

Kartoffelstärke. Dabei quellen die Stärkekörner um 9,1 % (Maisstärke) bis 28,4 % (Kartoffelstärke) ihres Durchmessers im trockenen Zustand.

Die Struktur der Stärkekörner ist für die Sorption weiteren Wassers über den konstitutionell gebundenen Anteil hinaus verantwortlich. Amorphe Regionen wechseln mit kristallinen Mizellen ab und bilden ein dreidimensionales Netzwerk von schwammartiger Struktur, dessen Poren im Bereich eines Nanometers für die Sorption von Wasser zugänglich sind. Stärke enthält also auch Kapillarwasser.

Anhaltendes Erhitzen in Wasser führt in einem Temperaturbereich, der für jede Stärkeart typisch ist, zur Verkleisterung. Die Verkleisterungstemperaturen liegen zwischen 58 und 92 °C, für Maisstärke: 62–72 °C, Weizenstärke 58–64 °C. Die Stärkekörner quellen bei diesem Vorgang auf ein Vielfaches ihres ursprünglichen Durchmessers, verlieren ihre Konturen und ihre Doppelbrechung und bilden ein viskoses Gel (Stärkekleister), das von einer Mindestkonzentration von 4,4 % (Maisstärke) bzw. 5 % (Weizenstärke) an aufwärts das Wasser vollständig im Gel bindet.

Zellulose

Verschiedene Zellulosesorten werden bei der Herstellung fester Darreichungsformen als Füllmittel eingesetzt. Ähnlich wie bei Stärke hat Wasseraufnahme eine Volumenzunahme zur Folge, die sich überwiegend in einer Querschnittszunahme der Fasern auswirkt und in Preßlingen eine zerfallsfördernde Wirkung zur Folge hat.

Wie bei Stärke werden auch bei der Zellulose mit ansteigendem Wassergehalt verschiedene Bindungsmechanismen wirksam. So werden über Phosphorpentoxid bei Raumtemperatur 1 %, bei Trocknung im Trockenschrank bei 105 °C noch 0,5 % Wasser zurückgehalten. Erst Erhitzen unter Vakuum senkt den Wassergehalt auf 0,04 %. Eine erste Stufe starker Sorption erstreckt sich auf die ersten 2–3 % Wasser und wird der Hydratisierung der primären Hydroxylgruppen der Glucoseeinheiten im amorphen Anteil über Wasserstoffbrücken zugeschrieben (Abb. 23).

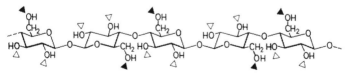

Abb. 23. Ausschnitt aus einer Zellulose-Kette, vgl. Abb. 21

Zwischen 15 und etwa 65% relativer Feuchtigkeit nimmt der Wassergehalt stetig zu. In diesem Bereich werden die beiden sekundären Hydroxylgruppen der Glucoseeinheiten hydratisiert. Bei höherer Feuchtigkeit schließt sich Kondensation von Wasserdampf in Poren und Hohlräumen an, die ab etwa 80% r.F. vorherrschend wird. Da an der Wasserdampfsorption wie bei der Stärke nur amorphe, die kristallinen Regionen aber nicht beteiligt sind und Zellulosesorten durchweg einen höheren Kristallinitätsgrad aufweisen als Stärke, verläuft die Sorptionsisotherme der Zellulose bei niedrigeren Wassergehalten als die der Stärke, wie aus Abbildung 22 deutlich hervorgeht; bei Wasserdampfsättigung werden etwa 25% des Trockengewichts sorbiert. Bei mikrokristalliner Zellulose nimmt die Wasserdampfsorption zu, wenn ihr kristalliner Anteil durch Behandeln in einer Vibrationsmühle – ohne daß Zerkleinerung eintritt – zugunsten des amorphen Anteils verringert wird.[17]

Gelatine

Gelatine wird pharmazeutisch als Bindemittel für Tablettengranulate gebraucht, in größtem Ausmaß aber zur Herstellung von Hart- und Weichgelatinekapseln. Als Proteinderivat, das durch partielle Hydrolyse von Kollagen erhalten wird, besteht sie aus einem heterogenen Gemisch von Peptiden im Molekulargewichtsbereich 3000 bis 200 000 und ist daher reich an hydrophilen Gruppen: $-NH-CO-$, $-NH_2$, $-COOH$, $-OH$, $=NH$ u.a. Durch sorbiertes Wasser werden diese über Wasserstoffbrücken hydratisiert. Weiter aufgenommenes Wasser lockert die ihrerseits selbst durch Wasserstoffbrücken vernetzte Peptidkettenstruktur auf, bis bei hohen Feuchtigkeiten die feste Gelatine in ein Gel übergeht. Es erfolgt jedoch keine unbegrenzte Wasseraufnahme.

In kaltem Wasser quillt Gelatine zum 6–7fachen ihres Eigengewichts. Eine für Gelatine charakteristische Eigenschaft ist das reversible „Schmelzen", das ist hier der Übergang vom wäßrigen, elastischen Gel in den Sol-Zustand bei einer bestimmten höheren Temperatur.

Wie bei den beiden besprochenen Polysacchariden finden sich auch in der Gelatine Mizellen, Bereiche mit höherem, kristallähnlichem Ordnungszustand. Anders als bei Stärke und Zellulose wird im Verlauf der Wasseraufnahme Wasser zuerst in den Mizellen gebunden, dann erst, nach deren vollständiger Sättigung, erfolgt *intermizellare Absorption.* Man erhält Sorptionsisothermen mit Hysterese.

Polyvinylpyrrolidone

Bei den Polyvinylpyrrolidonen handelt es sich um nicht gelbildende synthetische Polymere, die eine starke Neigung haben, Wasserstoffbrücken zu akzeptieren, und darum leicht hydratisierbar sind. Die bei der Tablettenherstellung als Bindemittel und als Zusatz in Schutzlacküberzügen verwendeten Substanzen weisen Sorptionsisothermen des Typs 5 auf (s. Abb. 10). Die mit steigenden Feuchtigkeiten durchweg konkave Krümmung der Isotherme (Abb. 24) kann so verstanden werden, daß das eintretende Wasser als Weichmacher die Struktur des Polymeren auflockert und den Eintritt weiteren Wassers erleichtert. Besonders deutlich wird dies dadurch, daß sich ein Übergang vom festen in den flüssigen Zustand während des Adsorptionsvorgangs nicht definieren läßt. Es handelt sich hier also weder um Oberflächenadsorption noch um Kapillarkondensation, sondern um einen wechselseitigen Lösevorgang, bei dem sich zunächst Wasser im Polymeren und schließlich das Polymere im aufgenommenen Wasser löst. Im Gegensatz zu Gelatine, die begrenzt quillt, sind die löslichen Polyvinylpyrrolidon-Sorten unbegrenzt quellbar, während die quervernetzte Sorte nur noch begrenzt quellbar und nicht mehr löslich ist.

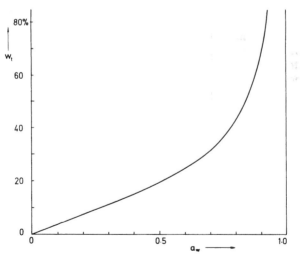

Abb. 24. Wasserdampfsorptionsisotherme von Polyvinylpyrrolidon (Kollidon® 25) (25 °C)

3.3.3 Trockenmittel

Trockenmittel werden gebraucht, um Luft und andere Gase sowie Flüssigkeiten im direkten Kontakt und feste Stoffe über die Gasphase indirekt zu trocknen oder trocken zu halten. Grundsätzlich ist jeder hygroskopische Stoff in der Lage, der Luft Wasser zu entziehen, doch nur wenige eignen sich zum allgemeinen Einsatz als Trockenmittel.

Auch von den Trockenmitteln wird Wasserdampf nach einem – oder im Laufe zunehmender Beladung nacheinander nach mehreren – der in 3.3.1 besprochenen Mechanismen aufgenommen und gebunden. Dementsprechend lassen sich die in Tabelle 9 aufgeführten Gruppen bilden, in welcher die laboratoriumsmäßig und technisch gebrauchten Trockenmittel zusammengestellt sind.

Die Wirksamkeit von Trockenmitteln wird beurteilt nach ihrer *Kapazität* und der *Intensität* der mit ihnen möglichen Trocknung. Unter der Kapazität versteht man die Wassermenge, die von einer Masseneinheit des trockenen Mittels aufgenommen werden kann; die Intensität ist ein Maß für die äußerstenfalls erreichbare Trockenheit, die man in irgendeinem Feuchtigkeitsmaß (Wasserdampfdruck, Taupunkt, relative Feuchtigkeit usw.) angibt.

In der Gruppe der chemisch wirkenden Trockenmittel (Gruppe I) ist die Kapazität durch die Stöchiometrie der Reaktion gegeben. Bei Phosphorpentoxid, dem weitaus intensivsten Trockenmittel, wird die theoretisch erreichbare Kapazität beeinträchtigt durch die Ausbildung eines zähen Films von Metaphosphorsäure, die zwar auch noch hygroskopisch wirkt, aber noch unverbrauchtes P_2O_5 einschließt. Durch Vermischen mit inertem Trägermaterial, z.B. Glaswolle oder Glasschaum, kann dieser Nachteil weitgehend ausgeglichen werden.

Bei den Trockenmitteln der Gruppen II und III ist der erreichbare tiefste Wasserdampfdruck – die Intensität der Trocknungswirkung – nicht wie bei denen der Gruppe I allein von der Temperatur, sondern auch vom Beladungszustand abhängig. Hier gibt die jeweilige Sorptionsisotherme sowohl über die Trockenmittelkapazität als auch die Trocknungsintensität Auskunft.

Bei der Auswahl eines Trockenmittels für einen bestimmten Einsatz sind neben der Kapazität und der Intensität weitere Gesichtspunkte maßgebend: die Regenerierbarkeit, die Geschwindigkeit, mit der eine tiefere Luftfeuchtigkeit erreicht wird, die Zustandsform und Formbeständigkeit (fest, flüssig, zerfließend), Handhabung, Aggressivität und chemische Reaktionsfähigkeit.

Tab. 9. Trockenmittel

			getrockneter Luft mg/Liter	bei °C	g Wasser g Trockenmittel
I Chemische Reaktion	**A** Bildung einer neuen chemischen Verbindung	Bariumoxid	0.0007		
		Calciumoxid	0.2		
		Magnesiumoxid	0.008		
		Phosphorpentoxid	0.000025		
	B Bildung von Hydraten	Calciumchlorid	0.14 – 0.25	250	
		Calciumsulfat (a)	0.005	200	
		Kaliumcarbonat		100	
		Kupfer(II)sulfat	1.4	200	
		Magnesiumperchlorat (b)	0.0005		
		Magnesiumsulfat	1.0		
		Natriumsulfat	12	150	
II Absorption	**A** Konstante relative Feuchtigkeit: Feste Substanz + Wasserdampf → gesättigte Lösung	Calciumchlorid	0.002		
		Kaliumhydroxid	0.16		
		Natriumhydroxid		250	0.65 (c)
	(weitere Salze mit tiefen Feuchtigkeiten über der gesättigten Lösung s. Tab. III im Anhang)				
	B Variable relative Feuchtigkeit: Flüssigkeit oder wäßrige Lösung + Wasserdampf → verdünnte Lösung	Calciumchlorid			0.08 (c)
		Glycerin			16 (c)
		Lithiumchlorid			0.72 (c)
		Konz. Schwefelsäure	0.003		
III Adsorption und Kapillarkondensation		Aluminiumoxid (d)	0.003	150 – 300	0.10 (c)
		Kieselgel (d)	0.002	100 – 250	0.5 – 1.2 (c)
		Molekularsiebe (d)	0.001	300 – 350	0.10– 0.2 (c)

(a) auch Kapillarkondensation (b) explosiv bei Berührung mit organischem Material (c) bei 25°C/20 % rel.F. (d) Eigenschaften, besonders

Bei den regenerierbaren Trockenmitteln gilt, daß für die Regenerierung die zum Austreiben des gebundenen Wassers nötige Temperatur umso höher sein muß, je intensiver die Trocknungswirkung des Mittels ist. Die Obergrenze für die Regenerierungstemperatur wird durch einsetzende Strukturänderungen beim Trockenmittel gesetzt.

Pharmazeutisch werden in Verpackungen, z. B. in den Trockenstopfen der Brausetablettenröhrchen und zum Trockenhalten von feuchtigkeitsempfindlichen Zwischenprodukten, vorwiegend Kieselgel und Molekularsiebe verwendet, weil sie auch im beladenen Zustand fest bleiben, unlöslich und ungefährlich zu handhaben sind.

Weiterführende Literatur

Keey, R. B., **Drying. Principles and Practice.** Pergamon Press, Oxford, New York, Toronto, Sidney, Braunschweig 1972. 358 S.

Kneule, F., **Das Trocknen.** 3. Aufl., Verlag H. R. Sauerländer & Co., Aarau, Frankfurt a. M. 1975, 720 S.

Krischer, O., Kast, W., **Die wissenschaftlichen Grundlagen der Trocknungstechnik.** (= Trocknungstechnik 1. Bd.) 3. Aufl., Springer Verlag, Berlin, Göttingen, Heidelberg 1978, 489 S.

Lykow, A. W., **Experimentelle und theoretische Grundlagen der Trocknung.** VEB Verlag Technik, Berlin 1955, 479 S.

Hydrate:

Evans, R. C., **Einführung in die Kristallchemie.** Walter de Gruyter, Berlin, New York 1976. 329 S.

Haleblian, J. K., **Characterization of habits and crystalline modification of solids and their pharmaceutical application.** J.Pharm.Sci. **64** (1975), 1269–1288, bes. 1276–1286.

Shefter, E., Higuchi, T., **Dissolution behaviour of crystalline solvated and nonsolvated forms of some pharmaceuticals.** J.Pharm.Sci. **52** (1963), 781–791.

Albert, A., Armarego, W. L. F., **Covalent hydration in nitrogen-containing heteroaromatic compounds. I. Qualitative aspects,** p. 1–42, in: Advances in Heterocyclic Chemistry, Vol. 4. Editor *A. R. Katritzky,* Academic Press, New York, London 1965.

Sorptionsisothermen:

Gál, S., **Die Wasserdampf-Sorptionsisothermen fester Sorbentien.** Chimia **22** (1968), 409–425.

Heiss, R., **Haltbarkeit und Sorptionsverhalten wasserarmer Lebensmittel.** Springer-Verlag Berlin, Heidelberg, New York 1968. 163 S.

Wasserdampf-Sorptionsisothermen verschiedener Materialien:

Krischer, O., Kast, W., **Die wissenschaftlichen Grundlagen der Trocknungstechnik** (s. o.).

Katalog pharmazeutischer Hilfsstoffe, Hsg. CIBA-GEIGY AG., Hoffmann-La Roche & Co. AG., Sandoz AG., Basel 1974; Vertrieb durch Arbeitsgemeinschaft für Pharmazeutische Verfahrenstechnik (APV), Mainz.

Trockenmittel:

Trocknen im Labor, Firmenschrift der E. Merck AG., Darmstadt o. J. (1978), 49 S.

4. Meß- und Bestimmungsverfahren

4.1 Messung der Feuchtigkeit in Luft und Gasen (Hygrometrie)

Die Kenntnis der Feuchtigkeit in Luft und anderen Gasen, ihre Überwachung und Regelung ist bei der Entwicklung, Herstellung und Lagerung von Arzneimitteln an mehreren Stellen wichtig. Als Beispiele seien genannt:

Messung und Regelung der Luftfeuchtigkeit
in Fabrikations- und Lagerräumen
an Abfüllstationen für Lyophilisate
an Trocknern
Messung der Luftfeuchtigkeit zur
Bestimmung der Wasseraktivität von
Pulvern, Granulaten, Tablettenmassen, Tabletten
Einstellung der Feuchtigkeit bei der
Sterilisation mit Aethylenoxid
Tabelle 10 gibt einen Überblick über die Verfahren der Hygrometrie.

4.1.1 Thermometrische Verfahren

Ihnen ist gemeinsam, daß nach einer Zustandsänderung der feuchten Luft die Feuchtigkeitsbestimmung auf eine Temperaturmessung zurückgeführt wird. Das prominenteste dieser Verfahren ist die Bestimmung des Taupunkts, die als ein Primärverfahren der Feuchtigkeitsmessung gilt.

Taupunktmessung

Ungesättigte feuchte Luft gegebenen Wassergehalts nähert sich beim Abkühlen dem gesättigten Zustand, bis dieser bei einer bestimmten Temperatur erreicht wird. Wird diese Temperatur an einer gekühlten Fläche, die sich in dem zu messenden Luftstrom oder -volumen befindet, um Bruchteile eines °C unterschritten, so scheidet sich Wasserdampf in Form feinster Tröpfchen an der kühlen Fläche ab, sie beschlägt. Wegen dieses Taubeschlags spricht man von der *Taupunkttemperatur* oder kurz vom *Taupunkt* (s. S. 7). Sie ist ein eindeutiges und absolutes Maß für den Wassergehalt der Luft.

Tab. 10. Verfahren der Feuchtigkeitsbestimmung in Luft und Gasen

Thermometrische Verfahren	Eignung	Hygroskopische Verfahren	Eignung	Spektroskopische Verfahren	Eignung	Sorptions-verfahren	Eignung
Taupunktsmessung	E; K R; B	Farbänderung bei Salzen	K R, B	Infrarot-Absorption	K R, B	Trockenrohr	E R, B
Psychrometrie	E; K B	Haarhygrometer	K R, B	Mikrowellen-Absorption	K R, B	Elektrolytisches Hygrometer	K R, B
Lithiumchlorid-Taupunkt	K R, B	Elektrische Hygrometer mit - resistiven Meßelementen (Widerstandsmessung) - kapazitiven Meßelementen (Kapazitätsänderung eines Kondensators)	K R, B				

Weitere Verfahren:
Gaschromatographie; Frequenzmessung (Änderung der Resonanzfrequenz eines Schwingquarzes bei Adsorption von Wasser)

Eignung: E = Einzelmessung, K = kontinuierliche Messung; R = Messung in ruhender Luft, B = Messung in bewegter Luft

61

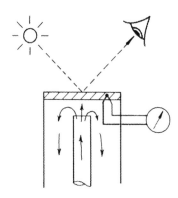

Abb. 25. Visuelle Taupunktmessung. 1 Lichtquelle, 2 Beobachter, 3 Metall-
spiegel, 4 Thermoelement-Temperaturmessung, 5 Kühlmedium

In der einfachsten Form erfolgt die Taupunktbestimmung durch visuelle Beobachtung eines blankpolierten Metallspiegelchens, dessen
Temperatur genau gemessen werden kann und das von der Rückseite
her durch Bespülen mit kalter Luft oder Kühlflüssigkeit langsam abgekühlt wird (Abb. 25). Je tiefer der Taupunkt liegt, umso langsamer
muß die Abkühlung des Spiegels erfolgen, wenn Taupunktunter-
schreitung und damit zu tief gemessene Taupunkte vermieden werden
sollen, denn mit sinkendem Wassergehalt der Luft dauert es länger, bis
sich die zur Bildung eines sichtbaren Beschlags erforderliche geringe
Wassermenge am Spiegel angesammelt hat. Die höchste Temperatur,
bei welcher der erste Beschlag wahrnehmbar ist, wird als Taupunkt
abgelesen. Der Luftzustand unmittelbar an der Spiegeloberfläche entspricht dann einem Punkt auf der Sättigungskurve in Abbildung 1 und
im h,x-Diagramm. Die Umwandlung von Taupunkten in andere
Feuchtigkeitsmaße kann mit Hilfe des h,x-Diagramms erfolgen.

Beispiel 6: In Luft von 24 °C wird ein Taupunkt von 13 °C gemessen.
Da der Abkühlvorgang am Spiegel im h,x-Diagramm durch eine senkrechte Abwärtsbewegung vom ursprünglichen Zustand ausgehend beschrieben wird, läßt sich dieser auffinden, indem man vom Schnittpunkt der 13 °C-Linie mit der Sättigungskurve senkrecht nach oben bis
zur 24 °C-Linie geht. Dort liest man als relative Feuchtigkeit $\varphi = 50\%$
ab. Ohne weiteres entnimmt man dem Diagramm die zum Taupunkt
gehörige Absolutfeuchtigkeit x = 9,9 g Wasser/kg trockene Luft.

Die hohe Genauigkeit, mit denen sorgfältige Taupunktmessungen möglich sind, wird aber zur Ermittlung der relativen Feuchtigkeit besser als mit Hilfe des h, x-Diagramms durch Bildung des Dampfdruckverhältnisses ausgenutzt:

$$\varphi = \frac{p_{o,\tau}}{p_{o,\vartheta}}$$

worin $p_{o,\tau}$ und $p_{o,\vartheta}$ die Sättigungsdampfdrücke bei der Taupunkttemperatur und der Lufttemperatur sind. Die hierzu benötigten Werte entnimmt man einer Wasserdampfdrucktafel (Anhang Tab. I).

Für Beispiel 5 ergibt sich mit 14,967 : 29,82 = 0,5019 die relative Feuchtigkeit zu 50,19%.

Die präzise, aber zeitraubende visuelle Taupunktsbestimmung, die in dieser Form nur Einzelmessungen erlaubt, kann heute mit Geräten kontinuierlich durchgeführt werden, in denen der Taupunktspiegel photoelektrisch abgetastet wird. Die Kühlung des Spiegels erfolgt thermoelektrisch: die kalte Seite eines Miniatur-Peltierelements trägt den Spiegel. Dessen Temperatur wird elektronisch so geregelt, daß ständig ein sehr geringer Taubeschlag am Spiegel bestehen bleibt. Die Spiegeltemperatur wird als Taupunkt angezeigt oder registriert. Bei Änderungen des Taupunkts führt die Regelung die Spiegeltemperatur und damit die Taupunktsanzeige auf den neuen Wert nach.

Psychrometrie

Die Alltagserfahrung, daß sich ein wasserbenetzter Körper im Luftzug abkühlt, ist im Psychrometer zum Feuchtigkeitsmeßverfahren ausgebaut. Das Quecksilbergefäß eines Thermometers steckt in einem dochtartigen Baumwollstrümpfchen, das mit destilliertem Wasser feucht gehalten wird (Abb. 26). Vorbeiströmende ungesättigte Luft nimmt von der feuchten Oberfläche Wasser auf, und zwar um so mehr, je trockener sie ist. Dabei kühlt die Strumpfoberfläche ab, und damit ist die gemessene Temperatur ϑ_f am „feuchten Thermometer" tiefer als die gleichzeitig mit einem zweiten Thermometer bestimmte „trockene" Temperatur ϑ der Luft. Die ermittelte Differenz zwischen Trocken- und Feuchttemperatur, die sogenannte *psychrometrische Differenz,* ist ein Maß für die Feuchtigkeit der Luft. In wassergesättigter Luft kann am Feuchtthermometer kein Wasser verdunsten; in diesem Fall zeigen beide Thermometer dieselbe Temperatur an und die psychrometrische Differenz ϑ-ϑ_f ist gleich null. Am größten ist die psychrometrische Differenz in vollkommen trockener Luft. In ruhen-

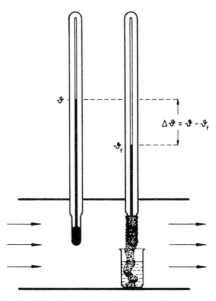

Abb. 26. Prinzip des Psychrometers. Links „trockenes", rechts „feuchtes" Thermometer; $\Delta\vartheta$ = psychrometrische Differenz

der Luft ist das Ausmaß der Verdunstung nicht definiert. Deshalb ist eine der Voraussetzungen für richtige Messungen, daß die Luft am Feuchtthermometer mit einer Geschwindigkeit von mindestens 2,5–3 m/sec vorbeigeführt wird. Psychrometer sind darum mit einem uhrwerk- oder batteriebetriebenen Ventilator ausgerüstet (sog. Aspirationspsychrometer). Ferner müssen die Thermometer gegen störende Wärmestrahlung abgeschirmt sein.

Die Auswertung der Psychrometerablesungen erfolgt nach der Formel

$$p_w = p_{o,f} - \frac{P \cdot c_L \cdot (\vartheta - \vartheta_f)}{0,622 \cdot \Delta h} \tag{19}$$

worin p_w = Wasserdampfpartialdruck in der Meßluft in mbar

$p_{o,f}$ = Sättigungsdampfdruck bei der Feuchttemperatur in mbar

P = Luftdruck in mbar

c_L = spezifische Wärme der Luft
= 1,007 kJ/kg bei 20 °C

h = spezifische Verdampfungswärme des Wassers
$h_w = 2454$ kJ/kg (20 °C)

bzw. spezifische Verdampfungswärme des Eises
$h_e = 2834$ kJ/kg (0 °C)

Der Faktor 0,622 ist das bereits aus Gleichung (3) bekannte Verhältnis der relativen Molekülmassen von Wasser und Luft.
Für einen mittleren Luftdruck von 1000 mbar ergibt sich hieraus für die relative Feuchte

$$\varphi = \frac{p_w}{p_o} = \frac{p_{o,f} - k \, (\vartheta - \vartheta_f)}{p_o} \qquad (20)$$

mit k = 0,66 bei Wasser und k = 0,57 bei Eis am feuchten Thermometer; p_o ist der Sättigungsdampfdruck bei der Trockentemperatur ϑ. Bei abweichenden Luftdrücken ist

$$\varphi = \frac{p_w}{p_o} = \frac{p_{o,f} - k \cdot 10^{-3} \, P \, (\vartheta - \vartheta_f)}{p_o} \qquad (21)$$

Praktisch arbeitet man nicht mit diesen Formeln, sondern benutzt daraus berechnete Tabellen, Diagramme, Nomogramme oder spezielle Rechenschieber. Abbildung 27 gibt ein Beispiel für ein Auswertediagramm.

Auch das h, x-Diagramm ist zur näherungsweisen Auswertung geeignet. Die Zustandsänderung der Luft erfolgt – annähernd – einer Isenthalpe (Linie gleichen Wärmeinhalts).

Genau betrachtet ergeben sich bei gleichem Ausgangszustand der Luft unterschiedliche Grenztemperaturen an der feuchten Oberfläche, wenn eine sehr große Luftmenge einen sehr kleinen feuchten Körper umströmt wie im Falle des Feuchtthermometers (sog. Feuchttemperatur oder Beharrungstemperatur, ϑ_f) oder ein Luftstrom eine ausgedehnte feuchte Fläche überstreicht, an deren Ende sowohl die gesättigte Luft als auch die Oberfläche dieselbe Temperatur (die Kühlgrenztemperatur, adiabatische Sättigungstemperatur ϑ_k) annehmen. Die Unterschiede sind aber gering genug, daß beim Gebrauch des h, x-Diagramms mit guter Genauigkeit die Isenthalpen (h = const.) zur Auswertung herangezogen werden können.

Beispiel 7: Gemessen wurden die beiden Temperaturen $\vartheta = 24$ und $\vartheta_f = 18,5$ °C. Der Zustand am Feuchtthermometer entspricht im h, x-Diagramm dem Punkt auf der Sättigungslinie bei der gemessenen

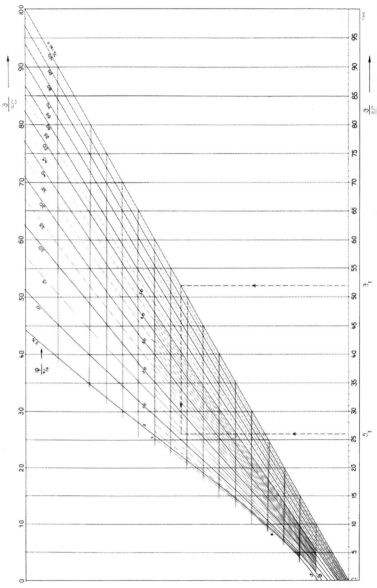

Abb. 27. Auswertediagramm für Psychrometerablesungen. Ablesebeispiel:
$\vartheta = 52\,°C$, $\vartheta_f = 26\,°C$ ergibt $\varphi = 12\%$ rel. Feuchtigkeit

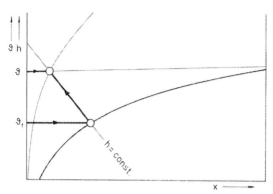

Abb. 28. Psychrometerauswertung im h, x-Diagramm

Feuchttemperatur (Abb. 28). Von diesem Punkt folgt man einer Linie den Isenthalpen parallel zum Schnittpunkt mit der Temperaturlinie $\vartheta = 24\,°C$. Dort liest man die relative Feuchtigkeit $\varphi = 60\%$ ab; von diesem Punkt senkrecht abwärts trifft man bei etwa $16\,°C$ auf die Sättigungslinie und hat den zu der herrschenden Luftbedingung $\vartheta = 24°$ / $\varphi = 60\%$ gehörigen Taupunkt $\tau = 16\,°C$ gefunden.

Durch elektrische Temperaturmessung läßt sich zusammen mit geeigneten Schaltungen die psychrometrische Messung als relative Feuchtigkeit oder Taupunkt zur Anzeige bringen; Geräte mit digitaler Auswertung der Trocken- und Feuchttemperatur durch Mikroprozessoren stellen das bisher erreichte Höchstmaß an Genauigkeit und Bequemlichkeit in der Psychrometrie dar.

Lithiumchlorid-Taupunktmessung

Lithiumchlorid zerfließt an Luft, sobald deren relative Feuchtigkeit einen ziemlich niedrigen Wert (11,8% bei 22 °C) überschreitet. Die entstehende Lösung ist wie jede Elektrolytlösung stromleitend im Gegensatz zum trockenen Salz. Diese beiden Eigenschaften sind zu einem Feuchtemeßsystem ausgenutzt worden, das dank seiner Einfachheit weite Verbreitung für Meß- und Regelzwecke gefunden hat. Sein prinzipieller Aufbau geht aus Abbildung 29 hervor. Ähnlich wie beim Psychrometer ist das Quecksilbergefäß eines Thermometers mit einer saugfähigen Hülle umgeben, die in diesem Fall aus Glasfasergewebe besteht. An zwei getrennten Windungen aus Edelmetalldraht liegt

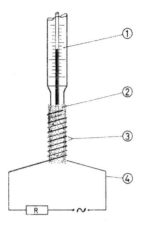

Abb. 29. Prinzipielle Anordnung zur Lithiumchlorid-Taupunktmessung. 1 Thermometer, 2 Glasfasergewebe, mit LiCl-Lösung getränkt, 3 zwei getrennte, parallele Windungen aus Edelmetalldraht (Silber, Gold oder Platin), 4 Stromversorgung 24 Volt Wechselspannung mit R = Begrenzungswiderstand

eine Wechselspannung von 24 Volt. Wird die Glasfaserhülle mit wenigen Tropfen Lithiumchloridlösung getränkt, so beginnt Strom zu fließen, der in der feuchten Schicht Wärme erzeugt, die eine Temperaturerhöhung zur Folge hat und das Wasser aus der Lösung zur Verdunstung bringt, bis die Schicht austrocknet. Damit hört der Strom auf zu fließen, die Schicht kühlt ab. Aus der feuchten Umgebungsluft nimmt nun das trockene Lithiumchlorid Wasser auf unter Bildung gesättigter Lösung, so daß wieder Heizstrom fließen kann. Folgende Erwärmung, Austrocknen, Abkühlen und erneute Wasseraufnahme wiederholen sich und pendeln sich auf eine Temperatur der lithiumchloridhaltigen Schicht ein, bei welcher gerade der Grenzzustand zwischen trocken und feucht erreicht ist. Diese Umwandlungstemperatur ϑ_u ändert sich näherungsweise linear mit dem Taupunkt der Umgebungsluft. ϑ_u liegt bei 65 °C für einen Taupunkt von 20 °C, bei 50 °C für τ = 10 °C; die Untergrenze des Meßbereichs ist erreicht, wenn ϑ_u gleich der Umgebungstemperatur ist, was z. B. mit ϑ_u = 22 °C für τ = -10 °C der Fall ist und einer relativen Feuchtigkeit von knapp 10 % entspricht. Da die eigentliche Meßgröße bei der Lithiumchlorid-Taupunktmessung nicht der wirkliche Taupunkt, sondern die wesentlich höhere Umwandlungstemperatur ist, werden auch bei tiefen Absolutwassergehalten Taupunkte und nicht Reifpunkte angezeigt.

4.1.2 Hygroskopische Verfahren

In dieser Gruppe finden sich die ältesten hygrometrischen Verfahren. Sie beruhen darauf, daß eine Stoffeigenschaft mechanischer, optischer oder elektrischer Art sichtbar bzw. meßbar gemacht wird, die sich ihrerseits mit dem sorbierten Wassergehalt eines hygroskopischen Meßkörpers ändert.

Farbindikatoren

Für bescheidene Ansprüche sind zur Beurteilung des Feuchtigkeitszustandes der Luft Filtrierpapierstreifen geeignet, die mit Kobaltsalzen imprägniert sind.

Eine Reihe von Kobalt(II)salzen, zum Beispiel $CoCl_2$, $CoBr_2$ und $Co(SCN)_2$, bildet mehrstufig Hydrate, bei denen die Aufnahme oder Abgabe des Kristallwassers mit einem Farbwechsel verbunden ist. So wird das wasserfreie blaßblaue Chlorid rosa, wenn es in das Hexahydrat übergeht; die dazwischenliegenden Hydratstufen weisen verschiedene Violettöne auf; das Bromid ändert seine Farbe von grün (wasserfrei) über blau und purpur nach rot im vollständig hydratisierten Zustand. Kobaltsalze geben auch in Kieselgel (*Blaugel*), in phosphorpentoxid- und schwefelsäurehaltigen Trockenmitteln Auskunft über den Beladungszustand.

Ohne jeden instrumentellen Aufwand läßt sich die Luftfeuchtigkeit auf eine recht originelle Weise ermitteln. Einige Kriställchen verschiedener Salze, deren gesättigte Lösungen als Hygrostatenflüssigkeiten Verwendung finden (s. Tabelle III im Anhang), werden voneinander getrennt angeordnet in die zu messende Atmosphäre gebracht. Diejenigen Kristalle werden naß und zerfließen, deren hygroskopische Grenzfeuchtigkeit (identisch mit der relativen Feuchtigkeit über ihrer gesättigten Lösung) tiefer als die herrschende Feuchtigkeit liegt; trocken bleiben die Salze, die eine höhere hygroskopische Grenzfeuchtigkeit haben. So läßt sich die herrschende Feuchtigkeit im günstigsten Fall zwischen die Feuchtigkeitswerte zweier in Tab. III benachbarter Salze eingrenzen. Auch die Wasseraktivität fester Proben kann näherungsweise so bestimmt werden.

Haarhygrometer

Haare dehnen sich bei Wasseraufnahme aus. Erfolgt die Wasseraufnahme an feuchter Luft, so beträgt über den Feuchtigkeitsbereich von 0–100% r.F. die gesamte Längenänderung 2,45% der Länge des trockenen Haares. Im Haarhygrometer wird diese Längenänderung über ein Hebelwerk in einen Zeigerausschlag übertragen (Abb. 30).

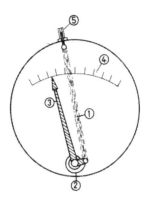

Abb. 30. Haarhygrometer. 1 Haarstrang, 2 Feder, 3 Zeiger, 4 Skala, 5 Aufhängung des Haarstrangs mit Justierschraube

Die Einstelldauer, die im mittleren Feuchtigkeitsbereich in der Größenordnung von Minuten liegt, kann durch Verwendung plattgewalzter Haare verkürzt werden. Bei hohen und tiefen Temperaturen wird die Anzeige träge. Hingegen ist die Temperaturabhängigkeit des Meßwertes sehr gering und praktisch zu vernachlässigen. Haarhygrometer müssen häufiger regeneriert und auf richtige Anzeige überprüft werden, indem man sie in einen Exsikkator über gesättigte Salzlösungen (s. S.34) bringt oder mit einem Psychrometer vergleicht. Das Regenerieren erfolgt so, daß das Hygrometer für einige Stunden mit einem nassen Tuch umwickelt oder in einem Exsikkator über Wasser gelegt wird. Danach überprüft man die Anzeige und stellt sie notfalls mit der Justierschraube auf 100% nach. Regelmäßig so gewartete Haarhygrometer arbeiten im mittleren Feuchtigkeitsbereich mit einer Genauigkeit besser als ±5% r.F.

Statt Naturhaaren werden heute auch Fasern, Bänder und Folien aus synthetischen Polymeren eingesetzt.

Elektrische Hygrometer

Verschiedene neuere Hygrometerentwicklungen nutzen die Änderung einer elektrisch erfaßbaren Eigenschaft zur Feuchtigkeitsmessung aus. Ausnahmslos sind es indirekt messende Systeme, die mehr oder weniger häufig der Überprüfung ihrer Anzeige durch Vergleich mit direkten Methoden und Justierung bzw. Korrektur bedürfen.

Die Probekörper in den Meßfühlern dieser elektrischen Hygrometer sind durchweg sehr klein, um möglichst hohe Ansprechgeschwindigkeit bei Feuchtigkeitsänderungen zu erreichen. Dem Prinzip nach handelt es sich um dünne Schichten oder Filme z.B. aus Polymeren, elektrolythaltigen Präparationen, Aluminiumoxidschichten, die ihren Widerstand mit der aufgenommenen Feuchtigkeit ändern oder die das Dielektrikum eines Kondensators darstellen, dessen Meßgröße die mit dem Wassergehalt veränderliche Kapazität ist. Die verschiedenen Systeme unterscheiden sich in der angezeigten Meßgröße (Taupunkt oder relative Feuchtigkeit), Meßumfang, Genauigkeit, Einstellgeschwindigkeit, Hysterese (Unterschied der Anzeige, wenn dieselbe Feuchtigkeit einmal von hohen, des andere Mal von tiefen Werten her erreicht wird), Temperaturabhängigkeit, Empfindlichkeit gegen hohe Feuchtigkeiten, Spritz- und Kondenswasser, Staub und andere Umgebungseinflüsse, so daß die Auswahl eines Hygrometers sehr sorgfältig auf die vorgesehenen Meßaufgaben und gegebenen Meßbedingungen abgestimmt werden muß.

4.1.3 Spektroskopische Verfahren

Die spezifische Absorption des Wasserdampfes in verschiedenen Bereichen des elektromagnetischen Spektrums – so im nahen Infrarot z.B. bei 1,87 und bei 2,66 μm und im Mikrowellenbereich bei der Frequenz von 22,235 GHz – ermöglicht eine quantitative Bestimmung in Luft und anderen Gasen. Diese apparativ allerdings zum Teil aufwendigen Verfahren bleiben Spezialfällen vorbehalten, wo andere Methoden nicht einsetzbar sind, und wo es auf trägsheitsfreie Messung und Anzeige im absoluten Maß der Wasserdampfkonzentration im Gas ankommt.

4.1.4 Sorptionsverfahren

Bei diesen Verfahren wird der Wasserdampf aus der Luft von einem Trockenmittel absorbiert. Das einfache Durchsaugen eines bekannten Luftvolumens durch ein mit Trockenmittel beschicktes Absorptionsrohr gehört hierher. Aus der Gewichtszunahme des Absorptionsrohrs ergibt sich der Wassergehalt.

Ein elektrolytisches Verfahren zerlegt die Metaphosphorsäure, die aus Phosphorpentoxid durch Wasseraufnahme entsteht, und verwandelt sie wieder in nichtleitendes trockenes Phosphorpentoxid zurück. Bei der Messung, die im kontinuierlichen Durchfluß erfolgt, ist die Elektrolysenstromstärke dem Absolutwassergehalt proportional.

Tab. 11. Wassergehaltsbestimmung in festen Materialien

Wassergehaltsbestimmung in festen Materialien			
D i r e k t e M e t h o d e n			
Abtrennung des Wassers aus der Probe		Chemische Reaktion	
Trocknung (Warmluft; Infrarotlampe)	Azeotrope Destillation	Karl-Fischer-Reagenz	Calciumcarbid
– Wägung des Trockenrückstands			
– Bestimmung des ausgetriebenen Wassers nach anderen Methoden	Volumetrische Bestimmung	Titrimetrische Bestimmung	Manometrische Bestimmung
I n d i r e k t e M e t h o d e n			
Elektrische Methoden		Spektrometrische Methoden	
Dekametrie (Messung der Dielektrizitätskonstante)		Infrarot	Mikrowellen
		Remissions-messung	Remissions- oder Absorptions-messung
Ferner: Leitfähigkeit Elektrolyse		Ferner: Kernresonanz Massenspektrometrie	

4.2 Verfahren zur Bestimmung des Wassergehalts in festen Materialien

Verschiedene physikalische und chemische Eigenschaften des Wassers können zu seiner direkten quantitativen Erfassung in festen Stoffen herangezogen werden. Es ist aber auch möglich, indirekt an der Änderung bestimmter Stoffeigenschaften, die ihrerseits vom Wassergehalt abhängig sind, Wassergehalte zu ermitteln. Im folgenden werden die wichtigsten Verfahren genannt, die in der Untersuchung pharmazeutischer Grundstoffe, Zwischen- und Endprodukte zur Anwendung kommen können. Einen Überblick hierüber gibt Tabelle 11.

Die verschiedenen Methoden der Wassergehaltsbestimmung erfassen in ganz unterschiedlicher Weise – je nach Bindungszustand – den in einem feuchten Material tatsächlich vorliegenden Wassergehalt. Tabelle 12 gibt eine Vorstellung davon, mit welchen Unterschieden bei einzelnen Stoffen zu rechnen ist. Andererseits ist es gerade durch den Einsatz verschiedener Methoden möglich, Auskunft über den Bindungszustand des Wassers in einem bestimmten Material zu erhalten.

Tab. 12. Ergebnisse verschiedener Wassergehaltsbestimmungsmethoden beim gleichen Probenmaterial

Probe	Methode der Wassergehaltsbestimmung				
	Infrarot-Trocknungs-waage (Ultra-X)	Calcium-carbid-Methode (CM-Gerät)	Karl-Fischer-Titration	Vakuum-Trocken-schrank 40°C	80°C
Sta-Rx® 1500[1]	10.8	9.7	10.4	–	–
Avicel® [2]	3.4	2.9	4.7	–	–
Solca-Floc® BW 2030 [3]	5.8	4.6	6.4	–	–
Celutab® [4]	8.6	0	9.0	–	–
Carboxymethyl-cellulose 7 H 3SF	9.2	3.7	14.9	–	–
Plasdone® XL[5]	5.4	2.9	6.4	–	–
Lactose-Stärke-PVP-Granulat	4.0	–	11.4	2.9	4.0
Dicalciumphosphat-Stärke-PVP-Granulat	4.2	–	4.3	4.0	4.5

[1]direkttablettierbare Maisstärke [2]mikrokristalline Zellulose [3]gemahlene Zellulose [4]direkttablettierbares Glucosemonohydrat [5]quervernetztes Polyvinylpyrrolidon

4.2.1 Direkte Verfahren der Wassergehaltsbestimmung

Physikalische Methoden

Das Prinzip einer Wassergehaltsbestimmung ist eigentlich recht einfach: es besteht darin, aus der feuchten Probe das Wasser abzutrennen und aus der Gewichtsdifferenz zwischen wasserhaltiger und wasserfreier Probe auf den Wassergehalt zu schließen. Durch wiederholte Gewichtskontrolle wird in der Regel auf Gewichtskonstanz getrocknet. Aber auch die Erfassung des abgetrennten Wassers stellt eine Möglichkeit der Wassergehaltsbestimmung dar. Der gravimetrischen Bestimmung des Wassergehalts als Trocknungsverlust haftet der grundsätzliche Nachteil an, daß auch andere flüchtige Stoffe als Wasser miterfaßt werden. Darum ist es richtig, sich dann auf die Bezeichnung „Trocknungsverlust" zu beschränken, wenn man nicht sicher ist, daß als flüchtige Komponente nur Wasser in einer Probe enthalten ist.

Zur Entfernung des Wassers muß der Probe Energie zugeführt werden, um die Bindung des Wassers an das Material aufzuheben und die Verdampfungswärme bereitzustellen. Die Energiezufuhr erfolgt – sei es bei analytischen Trocknungen oder bei Trocknungen im Produktionsmaßstab – grundsätzlich auf einem der drei folgenden Wege
– durch Konvektion:
  das Material wird einem warmen Gas- (Luft)strom ausgesetzt,
– durch Kontakt:
  Wärme wird durch die Berührung mit warmen Flächen, besonders Auflageflächen, vom Material aufgenommen.
– durch Strahlung:
  ohne Vermittlung durch andere Körper wird Energie als elektromagnetische Strahlung (Infrarotstrahlung, Mikrowellenstrahlung) von der Strahlungsquelle auf das Material übertragen und wird in diesem in Wärme umgewandelt.

Trocknung und Wägung

Trocknen im Trockenschrank

Die Probe wird im Trockenschrank je nach dessen Bauart vorwiegend durch Strahlung oder – bei vorhandener Luftumwälzung – durch Konvektion und Kontaktübertragung auf eine einstellbare höhere Temperatur erwärmt; bewährt hat sich ein Wert von 105 °C. Das aus der Probe ausgetriebene Wasser entweicht dampfförmig durch Lüftungsöffnungen aus dem Schrank. Während der Abkühlung vor der Wägung muß sichergestellt sein, daß die Probe aus der Umgebungsluft nicht wieder Feuchtigkeit aufnimmt. Dies kann durch Schließen des Probengefäßes (Wägeglas) oder durch Einstellen in einen Exsikkator geschehen.

Trocknung mit Infrarotlampe

Die Bestrahlung in möglichst dünner Schicht mit einer Infrarotlampe führt eine sehr rasche Trocknung einer pulver- oder granulatförmigen Probe herbei.

Die Strahlungsintensität der Lampe, variabel durch Einstellung von Lampenspannung und Abstand von der Probe, sowie die Strahlungs-Absorptionseigenschaften des Probenmaterials sind hier entscheidende Faktoren.

Eine Reihe handelsüblicher Wasserbestimmungsapparate vereinigt ein Heiz- und ein Wägesystem in sich. Für die Heizung kommen temperaturgeregelte Heißluftgebläse oder Infrarotstrahler zur Anwendung; als Wägesysteme findet man Hebel-, Torsions- und elektronische Waagen.

Trocknung im Exsikkator

Wärmeempfindliches Probengut verbietet die Anwendung höherer Temperatur. Hier kommen mit Trockenmitteln beschickte Exsikkatoren zum Einsatz. Das Trockenmittel erzeugt im abgeschlossenen Raum einen niedrigen Wasserdampfpartialdruck durch Sorption. Das wasserhaltige Probenmaterial gibt in den Gasraum Wasserdampf ab.

Solange nun ein Dampfdruckgefälle von der Probe zum Trockenmittel besteht, erfolgt der Wassertransport von der Probe zum Trockenmittel über die Dampfphase, bis die Probe soweit ausgetrocknet ist, daß Dampfdruckgleichheit herrscht.

Die nötige Verdampfungswärme wird dem Wärmevorrat der Probe und der unmittelbaren Umgebung entnommen; die Probe kühlt sich dabei ab. Am Trockenmittel wird Sorptionswärme freigesetzt, es erwärmt sich. Die dadurch in Gang kommende Konvektion im luftgefüllten Exsikkator fördert den Wasserdampftransport.

Konvektion entfällt als Transportmechanismus für den Wasserdampf, wenn die Trocknung im evakuierten Exsikkator erfolgt. Trotzdem läuft die Trocknung im Vakuum in wesentlich kürzerer Zeit ab. Die Ursache liegt darin, daß die mittlere freie Weglänge der Wasserdampfmoleküle mit fallendem Gesamtdruck zunimmt, also im Vakuum größer ist, so daß der Dampftransport von der Probe zum Trokkenmittel durch Diffusion ungehindert durch Fremdgasmoleküle rascher erfolgt. Wärmezufuhr erhält die Probe hauptsächlich aus der infraroten Strahlung der Umgebung und ist beim Vakuumexsikkator der geschwindigkeitsbestimmende Schritt. In Vakuumtrockenschränken hat man daher beheizbare Probenabstellflächen vorgesehen.

Häufig begegnet man der Ansicht, daß die Trocknung im Exsikkator durch anhaltendes Absaugen des Wasserdampfes mit der Wasserstrahlpumpe beschleunigt werden könne. Das ist nur bedingt richtig.

Der Enddruck, den eine richtig konstruierte Wasserstrahlpumpe erzeugt, ist identisch mit dem Sättigungsdampfdruck bei der Strahlwassertemperatur.

Beispiel 8: Bei Normalatmosphärendruck, $P_1 = 1013$ mbar betrage die relative Feuchtigkeit der Raumluft vor Verschließen eines Exsikkators $\varphi_1 = 50\%$ bei $\vartheta_1 = 23\,°C$ entsprechend einem Wasserdampfpartialdruck $p_{w,1} = p_{o,1} \cdot 50/100 = 14,05$ mbar.

Evakuiert werde bei einer Wassertemperatur $\vartheta_2 = 15\,°C$, bei welcher der Sättigungsdruck $p_{o,2} = 17,05$ mbar ist. Da die Partialdrücke aller Gase im Exsikkator im gleichen Maße reduziert werden, herrscht unmittelbar beim Erreichen des Enddrucks $P_2 = 17,05$ der Wasserdampfpartialdruck

$$p_{w,2} = \frac{P_2}{P_1} p_{w,1} = 0,24 \text{ mbar,}$$

was einer relativen Feuchtigkeit von knapp 1 % gleichkommt. Sobald der Enddruck erreicht ist, beginnt nun von der Pumpe her Dampf in den evakuierten Raum zurückzudiffundieren, und zwar so lange, bis in diesem nach einiger Zeit der Sättigungsdampfdruck $p_{o,2} = 17,05$ mbar herrscht. Bezogen auf die Raumtemperatur entspricht dies einer relativen Feuchtigkeit von $\varphi_2 = 100 \cdot (17,05 : 28,09) = 60,7\%$. Damit ist die Atmosphäre des Exsikkators sogar feuchter geworden. In vielen Fällen ist es daher richtig, dann das Ventil zur Wasserstrahlpumpe sofort zu schließen und die Pumpe abzustellen, wenn das Endvakuum erreicht ist. Enthält der Exsikkator wasserfeuchtes Material sowie ein Trockenmittel, dann kann zwar so lange Wasserdampf abgesaugt werden, als der Dampfdruck über dem Material noch höher als $p_{o,2}$ ist, d.h. bis zum Endzustand $\varphi_2 = 60,7\%$ r. F. Aber auch in Gegenwart des Trockenmittels wird kein weitergehender Trocknungseffekt erzielt, solange aus der Wasserstrahlpumpe zur Aufrechterhaltung dieses Gleichgewichtszustandes vom Trockenmittel aufgenommener Dampf ersetzt werden kann. Erst wenn die Verbindung zur Wasserstrahlpumpe unterbrochen wird, kann das Trockenmittel den Wasser-dampfpartialdruck unter $p_{o,2}$ senken, andernfalls wird nur nutzlos Wasser und Trockenmittel verbraucht.

Trocknung in der Trockenpistole

In Trockenpistolen wird gleichzeitig ein Temperatur- und Dampf-druckgefälle zur raschen Probentrocknung eingesetzt. Während das Probenrohr elektrisch (oder auf einfachste Weise sehr temperatur-konstant durch den Dampf eines am Rückfluß siedenden Lösungsmit-tels) beheizt werden kann, ist die Trockenmittelbirne der evakuierba-ren Pistole der Raumtemperatur ausgesetzt.

Bestimmung des ausgetriebenen Wassers

Absorption an Trockenmittel

Aus der Probe durch Wärme ausgetriebenes Wasser läßt sich gravime-trisch auch so bestimmen, daß man einen schwachen, trockenen Luft-strom über die Probe leitet, der anschließend ein Trockenmittelröhr-chen passiert. In diesem wird der mitgeführte Wasserdampf quantita-tiv absorbiert. Die Gewichtszunahme des Trockenmittels entspricht dem Wasserverlust der Probe. Diese Methode weist eine höhere Spe-zifität für Wasser auf als die einfachere Bestimmung des Trocknungs-verlustes und ist von Vorteil, wenn die Probe außer Wasserdampf auch noch andere flüchtige Stoffe abgibt, die nicht am Trockenmittel absor-biert werden.

Azeotrope Destillation

Nur für höhere Wassergehalte ist die Destillationsmethode geeignet. Das Probenmaterial wird in einem Siedekolben in einem mit Wasser nicht mischbaren Lösungsmittel erhitzt, das als Wärmeüberträger und zum Abtrennen des Wassers dient. Das azeotrop verdampfende Was-ser kondensiert gemeinsam mit den Lösungsmitteldämpfen im Rück-flußkühler, von dem es in ein graduiertes Meßrohr abtropft. Dort sammelt es sich als schwerere oder leichtere Phase unter oder über den Lösungsmittelkondensat – je nach Dichte des verwendeten Lö-sungsmittels –, welches als Überlauf wieder in den Siedekolben zu-rückfließt. Zum derartigen „Auskreisen" von Wasser aus einer Probe kommen aromatische, aliphatische und chlorierte Kohlenwasserstoffe zur Verwendung. Die Siedetemperatur des gewählten Lösungsmittels

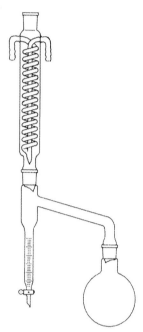

Abb. 31. Wasserabscheider nach *Dean-Stark*

erlaubt die Durchführung der Wassergehaltsbestimmung bei konstanter Temperatur ohne Verwendung eines Temperaturreglers. Abbildung 31 zeigt eine Anordnung zur azeotropen Wasserabscheidung für spezifisch leichtere Lösungsmittel als Wasser mit dem Wasserabscheider nach *Dean-Stark*.

Chemische Methoden

Karl-Fischer-Titration

Die Titration nach *K. Fischer* ist eine der genauesten Labormethoden zur Wassergehaltsbestimmung, die – dank ihrer einfachen Durchführbarkeit – keine speziellen Apparaturen erfordert, andererseits aber auch in automatisierten Titrierständen verfügbar ist.

Der *Karl-Fischer*-Titration liegt die Reduktion von Jod zu Jodid-Ionen durch Schwefeldioxid zugrunde, die unter Wasserverbrauch im Prinzip nach folgender Bruttogleichung abläuft:

$$J_2 + SO_2 + 2\,H_2O \longrightarrow H_2SO_4 + 2HJ$$

Das *Karl-Fischer*-Reagens wird vor Gebrauch aus einer Lösung von Jod in wasserfreiem Methanol und einer Lösung von Schwefeldioxid in Pyridin gemischt. Im Handel sind auch stabilisierte, gebrauchsfertige Reagenslösungen erhältlich. Methanol und Pyridin sind nicht nur Lösungsmittel, sondern selbst auch an der Reaktion beteiligt. Die Probe wird in wasserfreiem Methanol, Pyridin oder Formamid gelöst oder suspendiert. Die Titration wird unter Ausschluß von Luftfeuchtigkeit im geschlossenen System durchgeführt. Die Endpunktserkennung kann visuell an der bleibenden Gelbbraunfärbung von freiem Jod erfolgen, die der erste Reagenzüberschuß hervorruft, wird aber in speziellen Titrieranlagen elektrometrisch vorgenommen.

Calciumcarbid-Methode

Die bekannte Bildung von Acetylen aus Calciumcarbid und Wasser nach

$$CaC_2 + 2\,H_2O \longrightarrow Ca(OH)_2 + HC \equiv CH$$

liegt einer sehr einfachen, raschen und spezifischen Wassergehaltsbestimmung zugrunde. In einer kleinen Druckflasche wird die pulverförmige Probe mit einer Carbidampulle und Stahlkugeln zusammengebracht. Durch Schütteln wird die Ampulle zerbrochen und das Pro-

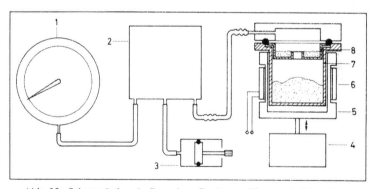

Abb. 32. Schematischer Aufbau eines Geräts zur Wassergehaltsbestimmung nach der Carbid-Methode (C-Aquameter®; mit freundlicher Erlaubnis der Brabender Messtechnik A.G., Duisburg)

1	Präzisionsmanometer	5	Reaktionsgefäß
2	Gassammelgefäß	6	Heizkörper
3	Justiervolumen	7	Meßbecher
4	Vibrator	8	Carbideinsatz

benmaterial mit dem Reagenz gemischt. Das freigesetzte Acetylen bewirkt einen Druckanstieg im Behälter, der an einem Manometer abgelesen werden kann und streng proportional dem aus der Probe freigesetzten Wasser ist. Infolge der Temperaturabhängigkeit des Druckes im Behälter ist konstante Temperatur Voraussetzung für richtige Meßwerte.

Apparativ ist dieses Prinzip zu einer Präzisionsmethode entwickelt worden. Moderne Geräte sind mit einer heizbaren Reaktionszelle ausgerüstet; ein Vibrator sorgt für innige Durchmischung von Probe und Carbid, die Druckmessung erfolgt mit einem Präzisionsmanometer. Der Temperatureinfluß auf die Druckmessung ist entweder konstruktiv berücksichtigt oder wird durch Korrektur eliminiert. Abbildung 32 zeigt schematisch den Aufbau eines solchen Geräts.

4.2.2 Indirekte Verfahren der Wassergehaltsbestimmung

Allen indirekten Bestimmungsverfahren ist gemeinsam, daß sie auf einem direkten primären Verfahren aufbauen müssen. Die gemessene Größe (Leitfähigkeit bzw. elektrischer Widerstand, Dielektrizitätskonstante, Strahlungsstreuung oder -absorption) muß einem Wassergehaltswert der Probe zugeordnet werden, der seinerseits durch direkte Wassergehaltsbestimmung ermittelt worden ist. Dies erfordert die Aufstellung von meist stoffspezifischen Eichkurven. Diesem Aufwand steht der Vorteil gegenüber, daß bei den indirekten Bestimmungsverfahren die Meßgröße unmittelbar zugänglich ist und das Ergebnis praktisch augenblicklich abgelesen werden kann. Das Probenmaterial bleibt unbeeinflußt; es fällt daher besonders bei wertvollen Substanzen ins Gewicht, daß die Probe unverändert zurückerhalten wird.

Elektrische Verfahren

Elektrische Bestimmungsverfahren nutzen die Wassergehaltsabhängigkeit einer elektrischen Stoffeigenschaft aus. Die gemessene elektrische Größe ist aber gleichzeitig noch von anderen Einflüssen der Umgebung (Temperatur; Druck) und des Materials (Zusammensetzung, bei Pulvern und Granulaten z. B. von Dichte und Korngrößenverteilung) abhängig. Bei der Anwendung dieser Verfahren müssen daher solche Einflußgrößen konstant gehalten werden. Je besser dies gelingt, um so besser wird die Wiederholungsgenauigkeit der Ergebnisse sein.

Elektrische Leitfähigkeit

Eine sehr leicht und mit einfachen Mitteln zugängliche Meßgröße ist die elektrische Leitfähigkeit, da sie als Widerstandsmessung ausgeführt wird. Die Leitfähigkeit eines im trockenen Zustand nichtleitenden Stoffes nimmt mit steigendem Wassergehalt zu. Der Leitfähigkeitsanstieg beträgt bei geringen Wassergehalten mehrere Zehnerpotenzen, um dann bei höheren Wassergehalten abzuflachen. Die Methode versagt bei ungleichmäßiger Wassergehaltsverteilung wie z. B. Einschluß von Wasser in außen trockenen, körnigen Proben und allgemein bei besonders niedrigen Wassergehalten.

Dielektrische Wassergehaltsbestimmung

Meßgröße ist hier die Dielektrizitätskonstante (DK). Die Kapazität eines Kondensators ist verschieden groß, je nachdem, ob sich zwischen den beiden Kondensatorplatten Vakuum (Kapazität C_o) oder eine Substanz (Kapazität C) befindet. Die Dielektrizitätskonstante ε der Substanz ist gleich dem Verhältnis der beiden Kapazitäten C/C_o und stellt ein Maß für die Wechselwirkung des elektrischen Feldes mit den Molekülen der Substanz dar. Die Werte der Dielektrizitätskonstanten trockener Nichtleiter liegen zwischen 2 und 10, während Wasser diesen Bereich mit $\varepsilon = 78{,}5$ (bei 20 °C) weit übersteigt, so daß sich ein starker Anstieg der DK mit dem Wassergehalt feuchter Materialien ergibt. Umgekehrt kann aus der DK einer feuchten Probe auf den Wassergehalt geschlossen werden. DK-Meßgeräte bestehen aus einem Meßkondensator und einer Schaltung zur Messung kleiner Kapazitätsänderungen. Der Meßkondensator ist dem jeweiligen Probenmaterial angepaßt und besitzt z. B. für Einzelprobenmessungen an pulverförmigen und körnigen Materialien Becherform. Um Störungen durch Leitfähigkeitseffekte auszuschalten, liegt am Meßkondensator nicht Gleich-, sondern hochfrequente Wechselspannung. Die Messung der DK zur Wassergehaltsbestimmung erfolgt an Schüttgütern bei konstanter Packungsdichte. Günstig ist, daß über die Probe ungleichmäßig verteilter Wassergehalt bei diesem Verfahren gemittelt wird.

Eine Variante der dielektrischen Wassergehaltsbestimmung besteht darin, das Wasser aus einer Probe mit Dioxan ($\varepsilon = 2{,}2$) auszulaugen und dann an diesem die DK-Messung durchzuführen.

Wassergehaltsbestimmung mittels elektromagnetischer Strahlung

Wasser absorbiert elektromagnetische Strahlung in verschiedenen Wellenlängenbereichen. Diese Eigenschaft kann nicht nur zur Energiezufuhr bei Trocknungsvorgängen, sondern auch zu Meßzwecken genutzt werden, indem der Anteil der Strahlung, die das in einer Probe enthaltene Wasser absorbiert, als indirektes Maß für den Wassergehalt ausgewertet wird. Die Anwendung dieser Methoden der Wassergehaltsbestimmung ist in der Pharmazie noch kaum verbreitet, obwohl sie eine augenblickliche, berührungslose und zerstörungsfreie Wassergehaltsbestimmung ermöglichen.

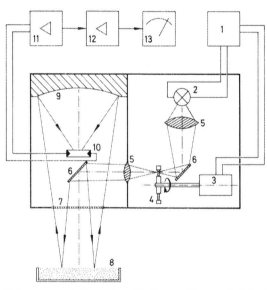

Abb. 33. Schema zum Aufbau eines Geräts zur Wassergehaltsbestimmung durch Infrarot-Remission

1	Stromversorgung für Lampe und Synchronmotor	7	Austrittsfenster
		8	Probe
2	Infrarot-Lichtquelle	9	Hohlspiegel
3	Synchronmotor	10	Fotowiderstand
4	Filterrad	11	Vorverstärker
5	Linsen	12	Diskriminator und Verstärker
6	Umlenkspiegel	13	Anzeige

Infrarot-Wassergehaltsbestimmung

Bei den Wellenlängen 1,93 und 1,45 μm liegen im nahen Infrarot eine starke und eine schwächere Absorptionsbande des Wassers. Trifft Infrarotlicht auf die Oberfläche einer genügend dicken Schicht von Pulver oder Granulat, so ist die Intensität der Strahlung, die von der Probe reflektiert wird, bei diesen Wellenlängen umso geringer, je mehr Wasser in der Probe enthalten ist. Bei Geräten, die nach dem Zweiwellenlängen-Wechsellichtverfahren arbeiten, wird zusätzlich die Reflexion bei einer weiteren Wellenlänge gemessen, bei welcher die Absorption der Probe vom Wassergehalt möglichst unabhängig ist. Dadurch können die Auswirkungen der Eigenabsorption des Meßgutes sowie Einflüsse unterschiedlichen Reflexionsverhaltens bei verschiedener Korngröße auf das Meßergebnis weitgehend ausgeschaltet werden.

Den Aufbau eines Infrarot-Meßgeräts zeigt schematisch Abbildung 33. Im optischen Meßkopf wird das Licht einer Glühlampe niedriger Leistung durch ein Filterrad mit zwei Interferenzfiltern in Lichtimpulse abwechselnd mit Licht der Meßwellenlänge und der Vergleichswellenlänge zerlegt, die jeweils durch Dunkelpausen voneinander getrennt sind. Über Umlenkspiegel trifft dieses Licht auf die Probenoberfläche. Das zurückgestreute Licht wird von einem Hohlspiegel auf den Photowiderstand fokussiert, der die Licht- in Stromimpulse umwandelt. Diese werden in einem Vorverstärker verstärkt. Nach weiterer Verstärkung trennt ein vom Filterrad gesteuerter elektronischer Schalter (Diskriminator) die Meß- und Vergleichssignale voneinander und richtet sie gleich. Die beiden Gleichströme sind den Intensitäten des reflektierten Lichts bei der Meß- und der Vergleichswellenlänge proportional. Ihre Differenz wird schließlich durch ein Instrument zur Anzeige gebracht und ist ein Maß für den Proben-Wassergehalt. Obwohl dieses Verfahren seit längerem bekannt ist, steht seine Nutzung zur Wassergehaltsbestimmung im pharmazeutischen Bereich erst in den Anfängen.[19]

Mikrowellen-Absorption

Bei Mikrowellen-Meßgeräten liegt die Wellenlänge der verwendeten Strahlung im Bereich von Zentimetern. Das Prinzip der Wassergehaltsbestimmung durch Mikrowellenabsorption ist für kontinuierlich messende Anlagen zur Prozeßüberwachung und -steuerung für Pulver, Granulate, Folien, Pasten und Fasern, neuerdings aber auch für Laborgeräte nutzbar gemacht worden, die an Probenvolumina bis hinab zu 0,2 cm³ (1 Tablette!) empfindliche Bestimmung des Wassergehalts erlauben.[20]

4.3 Bestimmung und Anwendung von Sorptionskennlinien

4.3.1 Sorptionsisothermen

Bestimmung von Sorptionsisothermen

Das Grundprinzip zur Bestimmung der Wasserdampfsorptionsisothermen fester pulver- und granulatförmiger Materialien besteht in der gravimetrischen Erfassung von Wassergehaltsänderungen nach folgender Arbeitsweise:

Eine zuvor getrocknete Materialprobe wird bei konstanter Temperatur genau kontrollierter Feuchtigkeit ausgesetzt. Durch wiederholte Wägung verfolgt man die Gleichgewichtseinstellung und berechnet nach erreichter Gewichtskonstanz aus der Gewichtszunahme und dem bekannten Trockengewicht der Probe ihren Wassergehalt. Daraufhin wird die Probe in gleicher Weise stufenweise höheren Feuchtigkeiten ausgesetzt. Die gefundenen Wassergehalte w_i^*, aufgetragen gegen die zugehörigen Werte der relativen Luftfeuchtigkeit φ^* bzw. die damit in der Probe erzielten Wasseraktivitäten a_w, ergeben miteinander verbunden die Adsorptionsisotherme. Für die Desorptionsisotherme geht man von einer feuchten Probe aus, welche die Feuchtigkeitsstufen abwärts durchläuft.

Dieses Vorgehen, bei der dieselbe Probe nacheinander kleineren Feuchtigkeitsschritten ausgesetzt wird, ergibt die sogenannten *Intervall*-Isothermen. Ihr steht die andere Arbeitsweise gegenüber, bei der das vorbereitete (getrocknete oder befeuchtete) Probenmaterial sofort auf mehrere verschiedene Feuchtigkeiten verteilt wird. Die Proben sind hierbei unterschiedlich großen Feuchtigkeitssprüngen ausgesetzt. Die auf diese Weise erhaltenen *integralen* Sorptionsisothermen verlaufen bei manchen Materialien geringfügig oberhalb der Intervall-Isothermen.

Bereits mit sehr einfachen Mitteln läßt sich die Bestimmung durchführen. Exsikkatoren oder andere luftdicht schließende Gefäße, welche eine gesättigte Salzlösung, Glycerin- oder Schwefelsäurelösung bekannter Konzentration als Hygrostatenflüssigkeit enthalten und gleichzeitig die Probe aufnehmen, werden in temperaturkonstanter Umgebung aufgestellt. Nachdem der Gewichtsausgleich erfolgt ist, wird die Probe in einen Exsikkator mit der nächst höheren Feuchtigkeit gebracht. Diese sogenannte Exsikkatormethode ist dort empfehlenswert, wo nur gelegentlich Sorptionsisothermen zu bestimmen sind.

Bei aller Einfachheit der Methode erfordern bei ihrer Durchführung für die Erarbeitung zuverlässiger Sorptionswerte folgende Punkte besondere Aufmerksamkeit:

1. Anfangstrocknung des Probenmaterials
2. Aufstellung der Proben im Probenraum
3. einwandfreie Thermostatisierung
4. einwandfreie Hygrostatisierung.

1. Zur Vorbereitung des Probenmaterials muß dieses weitgehend entwässert werden. Die Anfangstrocknung muß jedoch schonend und darf nicht unter Bedingungen erfolgen, welche irreversible Veränderungen des Materials zur Folge haben. Sorptionsisothermen, die zum Gebrauch für Vergleiche, Voraussagen und Berechnungen bei der Entwicklung, Stabilitätsprüfung, Produktion und Lagerung von Arzneimitteln bestimmt sind, werden zweckmäßigerweise auf der Basis derselben Wassergehaltsbestimmungsmethode erstellt, die auch im Anwendungsbereich benutzt wird.

Die Isothermenbestimmung kann hierfür nach einer Variante durchgeführt werden, die sich auf die Ergebnisse von Wassergehaltsbestimmungen und nicht auf die sorptionsbedingten Gewichtsveränderungen einer Probe stützt. Dabei geht man so vor, daß man genügend Probenmaterial z. B. durch Vakuum-Wärmetrocknung trocknet und in eine Anzahl Einzelproben aufteilt. Diese werden gleichzeitig derselben Feuchtigkeit ausgesetzt und nach Erreichen der Gewichtskonstanz bis auf eine in die nächst höhere Feuchtigkeit verbracht. An der zurückbehaltenen Probe wird nach der gewählten Methode der zur ersten Feuchtigkeitsstufe gehörige Wassergehalt bestimmt. So verfährt man weiter, bis nach Gleichgewichtseinstellung in der höchsten Feuchtigkeit die letzte Probe zur Wassergehaltsbestimmung gelangt. Zur Ermittlung von Meßpunkten von Desorptionsisothermen beginnt man mit einer Anzahl befeuchteter Proben.

2. Bei der Einstellung des Sorptionsgleichgewichts muß Wasserdampf von der Probe zur Hygrostatenflüssigkeit oder umgekehrt transportiert werden. Dieser Transport erfolgt anfänglich durch Konvektion, da bei der Adsorption an der Probe Sorptionswärme freigesetzt wird und dadurch Temperaturunterschiede zwischen Probe und Umgebung entstehen. In dem Maß, wie sich das Probenmaterial dem Sorptionsgleichgewicht nähert, verschwinden lokale Temperaturunterschiede und damit auch die treibende Kraft für Luftbewegungen. Dann wird der Transport durch Diffusion des Wasserdampfes vorherrschend und für die Gleichgewichtseinstellung geschwindigkeitsbestimmend. Für diesen recht langsamen diffusiven Transport ist zu

beachten, daß die Geschwindigkeit des Ausgleichs umgekehrt proportional zur überwindenden Entfernung Probe – Hygrostatenflüssigkeit ist. Deshalb ist es ratsam, diesen Abstand so gering wie möglich zu halten. Dabei muß allerdings darauf geachtet werden, daß das Probengefäß nicht von kriechender Salzlösung erreicht wird. Die Probe wird in möglichst dünner Schicht ausgebreitet.

3. Temperaturschwankungen sind während der Gleichgewichtseinstellung unbedingt zu vermeiden. Zwar haben Abweichungen von der Soll-Temperatur einen vergleichsweise geringen Einfluß auf die Lage des Sorptionsgleichgewichts; Schwankungen greifen aber störend ein in die Gleichgewichtskette: Bodenkörper ⟷ Konzentration der Hygrostatenflüssigkeit ⟷ Dampfdruck über der Hygrostatenflüssigkeit. Außer Kochsalz, dessen Wasserlöslichkeit sich bemerkenswert wenig mit der Temperatur ändert, weisen die verwendbaren Salze eine mehr oder weniger starke Temperaturabhängigkeit ihrer Löslichkeit auf, welche bewirkt, daß bei Temperaturerhöhung die Hygrostatenflüssigkeit mindestens vorübergehend den Sättigungszustand verläßt und dadurch im Dampfraum eine höhere Feuchtigkeit erzeugt, bis bei der höheren Temperatur erneut Sättigung eingetreten ist. Bei hohen Feuchtigkeiten können zeitliche und örtliche Temperaturunterschiede dazu führen, daß sich an kühleren Stellen Kondenswasser niederschlägt. Dies führt ebenfalls zu gestörten Feuchtigkeitsverhältnissen und kann gar die Probe unbrauchbar machen.

Unkontrollierte Strahlungswärme (z. B. Sonneneinstrahlung, Heizkörper) stört das Temperaturgleichgewicht und muß sorgfältig abgeschirmt werden.

4. Wie bereits erwähnt kann man eine Atmosphäre genau bekannter Feuchtigkeit schaffen, indem man gesättigte wäßrige Lösungen anorganischer Elektrolyte in den zu klimatisierenden Raum einbringt. Auch ungesättigte Lösungen bekannten Gehalts, so z. B. von Schwefelsäure oder Glycerin, werden hierfür eingesetzt. Eine ungesättigte Lösung hat den Vorteil, daß sie für eine beliebige Feuchtigkeit hergestellt werden kann; ihr Nachteil ist, daß jede Wasseraufnahme und -abgabe eine Konzentrationsänderung und damit auch eine Änderung des Wasserdampfdrucks zur Folge hat.

Gesättigte Lösungen gewährleisten nur dann konstante Feuchtigkeit, wenn sie bei der Bestimmungstemperatur auch wirklich gesättigt sind. Diese Forderung ist selbst dann nicht in jedem Fall erfüllt, wenn eine Lösung ungelöstes Salz als Bodenkörper enthält. Muß eine unbewegte Lösung beim Desorptionsvorgang von einer Probe Wasser aufnehmen, so findet in den obersten Schichten Verdünnung statt. Die mit der Konzentration abnehmende Dichte hat eine stabile Schichtung: verdünnte Lösung – konzentrierte Lösung – gesättigte Lösung – Bodenkörper von oben nach unten zur Folge, die nur sehr langsam durch Diffusion innerhalb der Flüssigkeit ausgeglichen wird. Die Feuchtigkeit im Dampfraum wird nunmehr also durch die verdünnte Lösung bestimmt und liegt damit in unkontrollierter Weise mehr oder weniger höher, als mit der gesättigten Lösung beabsichtigt war. Man begegnet dieser Störung dadurch, daß man für die Aufrechterhaltung des Sättigungszustandes in der Lösung sorgt,

– indem man beim Beschicken des Exsikkators den Lösungsspiegel von einer genügenden Menge festen Salzes überragen läßt oder von vornherein nur feuchtes Salz einfüllt (dabei ist Vorsicht geboten: manche zur Hygrostatisierung geeigneten Salze werden wasserfrei gehandelt, geben aber erst in ihrer Hydratform die definierte Feuchtigkeit, z.B. Lithiumchlorid, Kaliumcarbonat; wasserfrei wirken sie als Trockenmittel);

– indem man die gesättigte Lösung rührt, z.B. mit Magnetrührer. In diesem Fall muß aber dafür gersorgt werden, daß die Erwärmung des Rührmotors nicht störend in die Thermostatisierung des Exsikkators eingreift.

Muß die Salzlösung bei Adsorptionsvorgängen Wasser an die Probe abgeben, so sind Störungen wegen Konzentrationsänderungen nicht zu befürchten, denn für verdunstetes Wasser kristallisiert ein entsprechender Anteil gelösten Salzes aus.

Bei Verwendung von Glycerin- oder Schwefelsäurelösungen zur Einstellung der Feuchtigkeit muß der Vorrat an Hygrostatenflüssigkeit groß gegen die zu erwartende Menge Wasser sein, die voraussichtlich zwischen Probe und Lösung ausgetauscht wird. Besonders bei Desorption müssen auch hier Konzentrationsverschiebungen in der Hygrostatenflüssigkeit durch Rühren ausgeglichen werden.

Der Oberflächenspiegel von Hygrostatenflüssigkeiten muß fettfrei (Schliffett!) sein, damit der Dampfaustausch mit dem Gasraum nicht behindert wird.

Die Zeitdauer der Gleichgewichtseinstellung läßt sich verkürzen, wenn der Wasserdampftransport zu bzw. von der Probenoberfläche durch Konvektion oder durch Arbeiten im Vakuum beschleunigt wird.

Konvektion. Die Luft im Probenraum wird mechanisch umgewälzt z.B. mit einem langsam bewegten Rührflügel. Eine andere apparative Anordnung besteht darin, einen kontinuierlichen Strom klimatisierter Luft durch ein U-Rohr zu führen, das die Probe enthält. Zur Einstellung von Feuchtigkeit und Temperatur durchströmt die Luft Gaswaschflaschen, die mit gesättigter Salzlösung beschickt sind und wie das Probenrohr in einem temperierten Bad stehen. Das Probenrohr wird wiederum periodisch gewogen, bis Gewichtskonstanz erreicht ist.

Vakuum. Die Diffusion des Dampfes kann erheblich beschleunigt werden durch Arbeiten im Vakuum. Die mittlere freie Weglänge der Gas- und Dampfmoleküle ist umgekehrt proportional zum Gesamtdruck. Das bedeutet, daß die Diffusionsgeschwindigkeit bei $1/100$ des Atmosphärendrucks 100 mal größer wird. Geschwindigkeitsbestimmend für die Gleichgewichtseinstellung wird unter solchen Bedingungen der Wasser- bzw. Dampftransport innerhalb der Probe, welcher nicht mehr weiter beeinflußt werden kann.

Unter Ausnutzung solcher Maßnahmen sind verschiedene Sorptionsapparaturen zusammengestellt worden, die von einfachen Anordnungen bis zur automatischen Anlage reichen, bei welcher die Gewichtsänderung der Probe, die einem Luftstrom mit programmierter Feuchtigkeitsänderung ausgesetzt ist, von einer elektronischen Waage kontinuierlich aufgezeichnet wird.

Anwendung von Sorptionsisothermen

Allgemeine Bemerkungen

In Abschnitt 4.2 wurde darauf hingewiesen, daß die verschiedenen Methoden der Wassergehaltsbestimmung, auf ein und dasselbe Probenmaterial angewandt, keineswegs identische Wassergehalte ergeben. Aus diesem Grunde kommt man zu unterschiedlichen Wasserdampf-Sorptionsisothermen desselben Materials, wenn man bei ihrer Erstellung den Wassergehalt nach verschiedenen Methoden ermittelt, wozu auch die Art der Trocknung einer Probe vor Bestimmung der Adsorptionsisotherme gehört.

Es ist daher Vorsicht geboten bei der Übernahme von Sorptionswerten aus der Literatur, besonders wenn die bei ihrer Bestimmung angewandten Trocknungsbedingungen bzw. Wasserbestimmungsmethoden nicht bekannt sind. Für den Gebrauch von Sorptionsisothermen hysteresebehafteter Materialien ist auch die Überlegung wichtig, ob die Ad- oder Desorptionsisotherme der Beantwortung einer vorliegenden Frage zugrundezulegen ist.

Festlegung eines Wassergehaltsbereichs

Sorptionsisothermen werden bei Granulaten und Tablettenmischungen herangezogen, wenn ausgehend von einer angestrebten Wasseraktivität der zulässige Bereich des Wassergehalts festgelegt werden soll.

Beispiel 9: Welche Grenzen darf der Wassergehalt des Tabletten-granulats, dessen Sorptionsisotherme 25 °C in Abbildung 34 wieder-gegeben ist, nicht überschreiten, wenn seine Wasseraktivität nach der Trocknung zwischen 0,3 und 0,6 liegen soll?

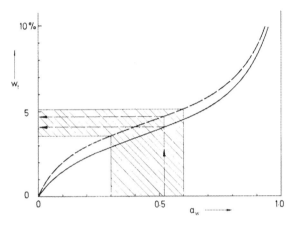

Abb. 34. Zur Ermittlung des Wassergehalts aus der Wasseraktivität mit Hilfe der Sorptionsisotherme

Der Desorptionsisothermen, die für den Trocknungsvorgang maß-gebend ist, entnimmt man die Wassergehaltsgrenzen $w_t = 3,6$ und $5,1\%$ bezogen auf Trockensubstanz. Zum Vergleich mit Wasserge-haltswerten aus Verfahren, die den Trocknungsverlust bestimmen, muß diese Angabe noch umgewandelt werden in $w_f = 3,5$ und $4,9\%$.

Näherungsweise Bestimmung des Wassergehalts

Die Messung der Wasseraktivität von Materialproben (als Dampf-druck- und Taupunktmessung oder Messung der relativen Feuchtig-keit über der Probe) ermöglicht eine indirekte Wassergehaltsbestim-mung, wenn die Sorptionsisothermen bekannt sind.

Beispiel 10. Über einer Probe des Granulats mit der Sorptionsiso-therme Abbildung 34 wurde bei 25 °C ein Taupunkt von $\tau^* = 14,5 °C$ gemessen. Welchen Wassergehalt hat diese Probe?

Bei 25 °C ist der Sättigungsdampfdruck $p_s = 31{,}67$ mbar, bei 14,5 °C 16,51 mbar. Daraus ergibt sich die Wasseraktivität der Probe zu $a_w = 0{,}52$. Bei unbekannter Vorgeschichte der Probe ist diesem Wasseraktivitätswert wegen der Hysterese zwischen Ad- und Desorptionslinie kein eindeutiger Wassergehaltswert zuzuordnen; er liegt aber innerhalb dieser Grenzen, also im Bereich $w_t = 4{,}1$ und 4,7 % (gestrichelte Linie Abb. 34). Hingegen ist unmittelbar nach Ende einer Trocknung (Desorption!) dieses Granulats für $\tau^* = 14{,}2$ °C die Zuordnung von $w_t = 4{,}7$ % eindeutig.

Ermittlung der Sorptionswerte von Gemischen

Die Sorptionsisothermen von Gemischen lassen sich aus denen der Komponenten berechnen. Für eine bestimmte relative Feuchtigkeit setzt sich der Wassergehalt des Gemisches aus den Wassergehaltsbeiträgen der einzelnen Komponenten additiv zusammen, vorausgesetzt, daß keine Wechselwirkungen auftreten, welche die Sorptionseigenschaften verändern.

$$w_{t,M} = \sum_{i=1}^{n} g_i \cdot w_{t,i} = g_1 \cdot w_{t,1} + g_2 \cdot w_{t,2} + \ldots + g_n \cdot w_{t,n} \qquad (21)$$

Hierin ist g_i derjenige Gewichtsbruchteil der i-ten Komponente, mit der sie am Gemisch beteiligt ist, $w_{t,i}$ ist ihr Wassergehalt bei der gewählten Wasseraktivität bzw. relativen Feuchtigkeit. Wird die Zusammensetzung in Gewichtsprozenten c_i angegeben, so ist:

$$w_{t,M} = \sum_{i=1}^{n} \frac{c_i \cdot w_{t,i}}{100} = \frac{c_1 \cdot w_{t,1} + c_2 \cdot w_{t,2} + \ldots + c_n \cdot w_{t,n}}{100} \qquad (22)$$

Beispiel 11: Für eine Tablettenmischung der folgenden Zusammensetzung werde der Wassergehalt bei der Wasseraktivität 0,40 gesucht:

Zusammensetzung	mg	Gewichtsteile g_i
Wirkstoff (hydrophob, kristallin)	30,0	0,200
Lactose	90,0	0,600
Gelatine	8,0	0,053
Maisstärke	20,2	0,135
Talk	1,2	0,008
Magnesiumstearat	0,6	0,004

Den Desorptionsisothermen entnimmt man bei $\varphi^* = 40\%$ rel. F. für die hygroskopischen Bestandteile Gelatine und Maisstärke die Wassergehalte $w_t = 16$ bzw. 13%; Lactose sorbiert die geringe Menge von 0,4%. Wirkstoff und Talk sind nicht hygroskopisch und binden kein Wasser; Magnesiumstearat ist mit einem Hydratwassergehalt von $w_t = 5,7\%$ beteiligt. Der Wassergehalt des Gemisches ist somit $w_{t,M} = 0,600 \cdot 0,4 + 0,053 \cdot 16 + 0,135 \cdot 13 + 0,004 + 5,7 = 2,87$ und mit (12b) der Trocknungsverlust $w_{f,M} = 2,79\%$.

In dieser Weise lassen sich auch ganze Sorptionsisothermen von Gemischen Punkt für Punkt erstellen.

Solche Berechnungen sind auch geeignet, auf Grund der Zusammensetzung den bei der Granulattrocknung anzustrebenden Restwassergehalt festzulegen. Zulässige Grenzwerte für den Restwassergehalt ermittelt man ausgehend von den zunächst zu setzenden Grenzen der Wasseraktivität (z. B. $a_w = 0,3 \ldots 0,5$; s. S. 116), für welche dann die Sorptionswerte der Komponenten in die Rechnung nach Beispiel 11 eingesetzt werden.

Im einzelnen soll von den beteiligten Stoffen bekannt sein, ob
– unter den Bedingungen der Feuchtgranulierung Hydratbildung auftritt,
– unter den Bedingungen der Granulattrocknung etwa vorhandenes Kristallwasser abgegeben wird,
– unter Lagerungsbedingungen Kristallwasser aufgenommen oder abgegeben wird,
– die angewandte Wassergehaltsbestimmungsmethode etwa vorhandenes Kristallwasser erfaßt.

Weist ein Bestandteil eines Gemischs hohe Wasserlöslichkeit auf, dann sollte seine hygroskopische Grenzfeuchtigkeit bekannt sein. (Wie in 3.3.2 gezeigt, stehen diese beiden Größen miteinander in Zusammenhang).

Berechnung der Wasseraktivität von Gemischen

Werden Schüttgüter unterschiedlichen Wassergehalts und unterschiedlicher Wasseraktivität gemischt, so kann man die Wasseraktivität im Gemisch näherungsweise berechnen, wenn ihre Sorptionsisothermen im fraglichen Bereich durch Geradenstücke angenähert werden. Man erhält folgende Gleichung für die Wasseraktivität a_w' des Gemischs:

$$a_w' = \frac{M_A \cdot a_{w,A} \cdot \alpha + M_B \cdot a_{w,B} \cdot \beta}{M_A \cdot \alpha + M_B \cdot \beta} \tag{23}$$

M_A und M_B sind die Massenanteile der Komponenten A und B im Gemisch, $a_{w, A}$ und $a_{w, B}$ ihre Wasseraktivitäten; α und β sind die Steigungen ihrer Sorptionsisothermen.

Werden zwei verschiedene Granulate A und B nicht gemischt, sondern nach außen abgeschlossen nebeneinander so gelagert, daß Sorptionsausgleich stattfinden kann, so ergibt sich nach erfolgtem Ausgleich identische Wasseraktivität nach (23).

Die Wassergehalte verändern sich gegenüber dem Anfangszustand und betragen nach dem Sorptionsausgleich:

$$w_{t, A}^* = w_{t, A} + \alpha \ (a_w^* - a_{w, A}) \qquad (24a)$$

$$w_{t, B}^* = w_{t, B} + \vartheta \ (a_w^* - a_{w, B}) \qquad (24b)$$

Die mit * bezeichneten Größen beziehen sich hier auf den Zustand nach Sorptionsausgleich.

Mantel-, Schicht- und Mehrschichttabletten liefern Anwendungsfälle für die gemeinsame Lagerung verschiedener Massen unter Sorptionsausgleich. Solche Arzneimittelfreigabesysteme müssen aus Granulaten mit gleicher Wasseraktivität hergestellt werden, da sonst der mechanische Zusammenhalt der Teile gefährdet ist wegen der Schrumpfung bzw. Volumenausdehnung, die mit der Abgabe oder Aufnahme von Wasser verbunden ist. Auch im Hinblick auf die Lagerung müssen sorptionsbedingte Volumenänderungen in Betracht gezogen werden.

Beispiel 12: Tabletten aus dem Material B sollen als Kerne mit dem Granulat A zu Manteltabletten verpreßt werden, in denen das Masseverhältnis A:B = 78:22 beträgt. Das Mantelgranulat befinde sich mit $w_{t, A} = 2{,}80$ g/100 g und $a_w = 0{,}70$, das Kernmaterial mit $w_{t, B} = 4{,}20$ g/100 g und $a_w = 0{,}35$ im Zustand Z_A bzw. Z_B der Sorptionsisothermen Abbildung 35.

Zunächst ermittelt man die Steigungen α und β der beiden Sorptionsisothermen. Mit ihnen ergibt sich dann gemäß (23) die Wasseraktivität a_w^* nach Sorptionsausgleich zu 0,62. Der mittlere Wassergehalt beträgt $w_{t, M} = 0{,}78 \cdot 2{,}8 + 0{,}22 \cdot 4{,}2 = 3{,}11$ g/100 g.

Da die beiden Granulatphasen getrennt bleiben, findet über die Berührungsflächen ein Wassergehaltsausgleich von Mantel mit der höheren Wasseraktivität zum Kern mit seinem tieferen a_w-Wert statt, obwohl dessen Absolutwassergehalt höher ist.*)

---

*) Ohne Kenntnis der Sorptionsverhältnisse würde man möglicherweise annehmen, daß sich der Wassergehalt von innen nach außen ausgleiche, bis er an jeder beliebigen Stelle 3,11% beträgt.

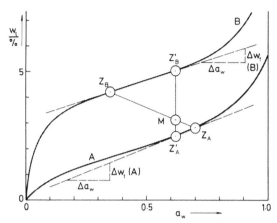

Abb. 35. Sorptionsisothermen von Kern- (A) und Mantelmaterial (B) einer Manteltablette

Die Wassergehalte von Mantel und Kern nach vollzogenem Sorptionsausgleich ergeben sich aus (24 a bzw. b) und sind in Tabelle 13 enthalten. Man sieht, daß der Wassergehalt des Kerns auf 5,35 g/100 g um 27,4 % gegenüber dem Ausgangszustand steigt. Diese Wassergehaltszunahme kann mit einem solchen Volumenzuwachs einhergehen, daß der Mantel rissig oder gesprengt wird.

Die graphische Lösung ist aus Abbildung 35 ersichtlich. Der Punkt M teilt die Strecke $\overline{Z_A Z_B}$ im Verhältnis der Massen A und B wie folgt: $\overline{Z_A M} : \overline{M Z_B} = M_B : M_A = 22 : 78$

Tab. 13. Wassergehalt und Wasseraktivität bei einer Manteltablette

Material	Gewichtsteile in der Manteltablette	Steigung der Isothermen	a_w	w_t vor	w_t nach	Änderung
				Sorptionsausgleich		Δw_t
Mantel (A)	78	$\alpha \approx 3.9$	0.70	2.80	2.48	-0.32
Kern (B)	22	$\beta \approx 4.3$	0.35	4.20	5.35	+1.15
Manteltablette (A + B) nach Sorptionsausgleich	100	---	0.62	3.11		---

Zerfließen beim Herstellen von Gemischen

Hier muß nun auf einen Sonderfall hygroskopischer Wechselwirkung hingewiesen werden. Hygroskopisch bedingtes Zerfließen – Bildung einer flüssigen Phase – tritt ein beim Mischen einer leicht wasserlöslichen Substanz A mit einer als Hydrat vorliegenden Substanz B dann, wenn der Gleichgewichtsdampfdruck des Hydrats B über demjenigen der gesättigten Lösung von A liegt, oder anders ausgedrückt: wenn die Wasseraktivität des Hydrats B höher liegt als sie der hygroskopischen Grenzfeuchtigkeit von A entspricht. Je nach den Mischungs- und Löslichkeitsverhältnissen tritt dann teilweise oder vollständige Verflüssigung des Gemischs ein. Die Sorptionsisothermen geben Auskunft darüber, in welchen Fällen sich ein solches Ereignis einstellen kann. Mischt man das Dihydrat der Substanz B, deren Sorptionsisotherme in Abbildung 36 gezeigt ist, mit dem Stoff A, dann erfolgt Bildung einer Lösung von A in Kristallwasser, das von B-Dihydrat abgegeben wird; B besteht in diesem Fall als Monohydrat weiter. Hingegen bleibt eine Mischung von A mit B-Monohydrat unverändert trocken.

Ein praktisches Beispiel liefert das Gemisch von Natriumacetat-trihydrat mit Kaliumacetat; das bereits mehrfach erwähnte Dinat-

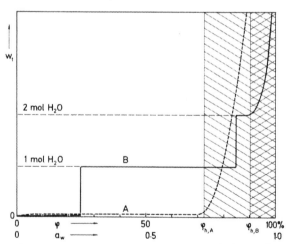

Abb. 36. Sorptionsisothermen einer hygroskopisch zerfließlichen Substanz A (unterbrochene Kurve) und einer hydratbildenden Substanz B (ausgezogene Kurve). Im schraffierten Bereich liegt A, im rautierten Bereich auch B als Lösung vor; $\varphi_{h,A}$ bzw. $\varphi_{h,B}$ sind die hygroskopischen Grenzfeuchtigkeiten von A bzw. B.

riumphosphatdodekahydrat bringt alle Stoffe, deren hygroskopische Grenzfeuchtigkeit unter 74,1% liegt (s. Abb. 14 a) – wie z. B. Fructose (s. Tab. 8) – zum Zerfließen, wofür es die beachtliche Menge von fünf Mol Wasser entsprechend 25,2% seines Gewichts abgeben kann.

4.3.2 Sorptionsisosteren

Konstruktion aus Sorptionsisothermen

Wasserdampf-Sorptionsisosteren können aus Isothermen konstruiert werden, wenn solche für mindestens drei Temperaturen vorliegen. Den Konstruktionsweg zeigt Abbildung 37.

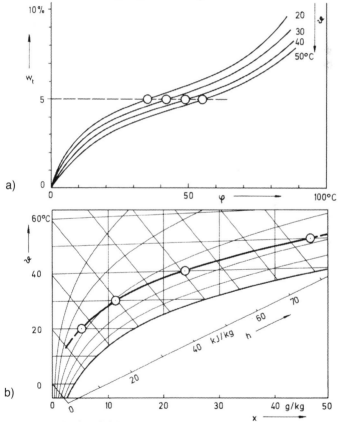

Abb. 37. Teile a) und b) Konstruktion einer Sorptionsisostere aus Sorptions-isothermen

Man entnimmt den Sorptionsisothermen die relativen Feuchtigkeiten für den gewünschten Wassergehalt; da die einzelne Sorptionsisotherme für eine bestimmte Temperatur gilt, erhält man somit je Sorptionsisotherme ein Wertepaar ϑ^*, φ^*. Die Isothermenschar der Abbildung 37a liefert beispielsweise für den Wassergehalt $w_t^* = 5{,}0\%$ die Werte

ϑ^*	20	30	40	50	°C
φ^*	35	42	49	55	% r. F.

Die Wertepaare können entweder wie in Abbildung 37b in ein h, x-Diagramm eingetragen oder auch in eine andere Darstellung gebracht werden. Wandelt man zum Beispiel die Temperatur/Feuchtigkeitspaare mit Hilfe der Wasserdampftafel oder des h, x-Diagramms in Temperatur/Taupunktpaare um, dann erhält man beim Auftragen der Temperatur über dem Taupunkt in vielen Fällen eine gerade oder nahezu gerade Linie (Abb. 37c). Eine weitere Möglichkeit, Sorptionsisosteren als Geraden darzustellen, zeigt Abbildung 37d; hier ist der Logarithmus des Wasserdampfdrucks über der reziproken absoluten

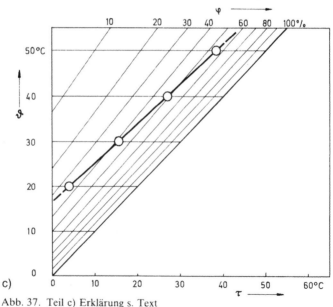

Abb. 37. Teil c) Erklärung s. Text

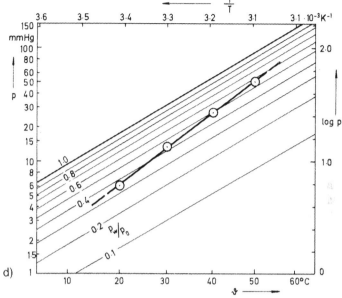

Abb. 37. Teil d) Erklärung s. Text

Temperatur aufgetragen. Diese Isosterendarstellung hat für die Bestimmung der Sorptionswärme Bedeutung (s. S. 100)

Direktbestimmung

Sorptionsisosteren kann man auch direkt bestimmen. Hierzu füllt man die Probe in ein luftdicht verschließbares, allseitig temperierbares Gefäß so ein, daß der freie Raum über der Probe möglichst klein gehalten wird. Mit einem geeigneten Instrument mißt man nun die Feuchtigkeit der Luft im freien Raum über der Probe, die stufenweise bis jeweils zur Konstanz der gemessenen Werte aufgeheizt wird. Zur Feuchtigkeitsmessung können elektrische Meßverfahren der relativen Feuchtigkeit oder des Taupunkts mittels Lithiumchloridfühlers eingesetzt werden; eindeutig vorzuziehen ist allerdings die echte Taupunktmessung (visuell oder mit Hilfe eines automatischen Taupunkthygrometers mit photoelektrisch abgetastetem Spiegel). An einem getrennten Muster desselben Probenmaterials bestimmt man den zu der Isosteren gehörigen Wassergehalt.

97

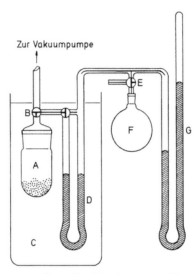

Zur Vakuumpumpe

Abb. 38. Apparatur zur Dampfdruckbestimmung; s. Text

Eine präzise Methode beruht auf der Messung des Wasserdampf-drucks in Abwesenheit von Fremdgasen, d. h. im Vakuum. Die feuchte Probe wird im Gefäß A der Apparatur in Abbildung 38 durch Eintau-chen in eine Kältemischung eingefroren, um das Wasser während des anschließenden Evakuierens auf weniger als 0,1 mbar in der Probe zu fixieren. Hat man genügend lange entgast, dann wird das Ventil B ge-schlossen und die Kältemischung durch ein thermostatisiertes Was-serbad C ersetzt. Nach Temperaturangleichung der Probe wird abge-wartet, bis die Druckanzeige am Manometer D konstant geworden ist und abgelesen werden kann. Stufenweises Aufheizen der Probe liefert die gesuchte Temperaturabhängigkeit des Dampfdrucks. Überschrei-tet der Druck den Bereich des Manometers D, dann läßt man durch das Feinventil E vorsichtig Außenluft in das Ballastgefäß F zum Auf-bau eines Gegendrucks (Manometer G) einströmen und addiert die Ablesungen beider Manometer für die weiteren Druckmessungen. Der Wasserdampfdruck kann mit Hilfe der Dampfdrucktafel und den Gleichungen (3) und (6) in die anderen Feuchtigkeitsmaße umgerech-net werden.

Beispiel 13: Der Dampfdruck über einer Granulatprobe wurde bei 22 °C mit dem Quecksilbermanometer gemessen und betrug 13,3 mm

Hg = 17,7 mbar. Daraus sollen die Wasseraktivität der Probe, der Taupunkt und für einen Absolutdruck von 987 mbar die absolute Feuchtigkeit der Luft berechnet werden, die mit der Granulatprobe im Gleichgewicht steht.

Wasseraktivität: Der Sättigungsdampfdruck bei 22°C beträgt 19,83 mm Hg. Die Wasseraktivität ergibt sich zahlenmäßig als relativer Wasserdampfdruck und ist damit

$$a_w = \frac{13,3}{19,8} = 0,67.$$

Taupunkt: Die zum Dampfdruckwert 13,3 mm Hg gehörige Sättigungstemperatur beträgt nach der Dampfdrucktabelle 15,6°C. Dies ist die Taupunktstemperatur. Mit $a_w = 0,67$ entsprechend einer relativen Gleichgewichtsfeuchtigkeit von 67% findet man die Taupunktstemperatur auch im h, x-Diagramm. Die absolute Feuchtigkeit ergibt sich nach (4) zu

$$x^* = 622\,\frac{17,7}{987 - 17,7} = 11,4 \text{ g/kg trockene Luft.}$$

In Abbildung 39 ist eine Apparatur dargestellt, in der nicht der absolute Dampfdruck über der Probe, sondern die Differenz zwischen

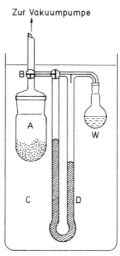

Abb. 39. Apparatur zur Dampfdruckdifferenzbestimmung
A Probengefäß, B Dreiweghahn, C thermostatisiertes Wasserbad, D Differenzdruck-Manometer, W Wassergefäß

den Dampfdrücken der Probe und des reinen Wassers gemessen wird. Vor Beginn der Messung werden Probe und Wasser getrennt am Vakuum entgast; bei der Probe ist wiederum Einfrieren erforderlich, um ein Austrocknen während des Entgasens zu verhindern. Danach werden die Verbindung zur Vakuumpumpe geschlossen und Proben- und Wassergefäß über das Manometer verbunden, auf dessen linken Schenkel der Wasserdampfpartialdruck über der Probe, auf den rechten der Sättigungsdruck p_o des Wassers wirkt. Da dieser für die Meßtemperatur der Dampfdrucktafel entnommen werden kann, läßt sich p_w^* der Probe einfach dadurch finden, daß man die gemessene Druckdifferenz von p_o abzieht.

Durch Dampfdruckmessungen erhaltene Sorptionsisosteren werden häufig in die Darstellung Abbildung 37 d gebracht. Der meist nahezu geradlinige Verlauf erlaubt, bereits mit zwei Meßpunkten eine gute Orientierung über den Isosterenverlauf zu erhalten und ermöglicht die einfache Interpolation von Zwischenwerten.

Anwendung von Sorptionsisosteren

Bestimmung der Sorptionswärme

Der Darstellung Abbildung 37 d liegt das Dampfdruckgesetz von *Clausius-Clapeyron* zugrunde. Dampfdrucklinien verlaufen, ob sie nun die Temperaturabhängigkeit von Wasser, Hydraten oder von anderen wasserhaltigen Materialien beschreiben, in erster Näherung nach Gleichung (25), die aus dem genannten Dampfdruckgesetz folgt und hier ohne Ableitung wiedergegeben wird:

$$\ln p_w = -\frac{H}{RT} + C \tag{25}$$

(25) stellt eine Geradengleichung dar mit $\ln p_w$ als abhängiger und $\frac{1}{T}$ als unabhängiger Variablen, der Steigerung $-\frac{H}{R}$ und dem Achsenabschnitt C; R ist die allgemeine Gaskonstante und H ein molarer Wärmebetrag: bei Wasser ist es die Verdampfungswärme H_L, bei wasserhaltigen Stoffen die Sorptionswärme H_S (bzw. bei Hydraten die Hydratationswärme). Das Minuszeichen in (25) bringt zum Ausdruck, daß der Dampfdruck und damit auch dessen Logarithmus mit steigenden Werten von $\frac{1}{T}$ fällt.

Auf Grund dieser Beziehung kann man aus Sorptionsisosteren gute Näherungswerte für die Sorptionswärme erhalten. Aus der Sorptionswärme ist dann durch Subtraktion der Verdampfungswärme H_L die Bindungswärme H_B zugänglich (s. S. 28).

Um mit Hilfe von Gleichung (25) die Sorptionswärme zu berechnen, müssen Wasserdampfpartialdrücke des Probenmaterials bei mindestens zwei Temperaturen bekannt sein:

$$\ln p_{w,1} = C - \frac{H_S}{R \cdot T_1}$$

$$\ln p_{w,2} = C - \frac{H_S}{R \cdot T_2}$$

Durch Subtraktion ergibt sich:

$$\ln p_{w,1} - \ln p_{w,2} = \frac{H_S}{R \cdot T_2} - \frac{H_S}{R \cdot T_1}$$

oder

$$\ln \frac{p_{w,1}}{p_{w,2}} = \frac{H_S}{R} \left(\frac{1}{T_2} - \frac{1}{T_1} \right)$$

und für die Sorptionswärme H_S

$$H_S = \frac{R\,(\ln p_{w,1} - \ln p_{w,2})}{\dfrac{1}{T_2} - \dfrac{1}{T_1}} = \frac{R \cdot \ln \dfrac{p_{w,1}}{p_{w,2}}}{\dfrac{1}{T_2} - \dfrac{1}{T_1}} \qquad (26a)$$

Werden statt der natürlichen die dekadischen Logarithmen der Dampfdruckwerte eingesetzt, so ist in (26a) noch mit $\ln 10 = 2{,}303$ zu multiplizieren:

$$H_S = \frac{2{,}303\,R\,(\lg p_{w,1} - \lg p_{w,2})}{\dfrac{1}{T_2} - \dfrac{1}{T_1}} = \frac{2{,}303 \cdot R \cdot \lg \dfrac{p_{w,1}}{p_{w,2}}}{\dfrac{1}{T_2} - \dfrac{1}{T_1}} \qquad (26b)$$

Gemessene oder durch Umrechnung aus Sorptionsisothermen erhaltene Wertepaare von p_w und ϑ werden in $\ln p_w$ (bzw. $\lg p_w$) und $\dfrac{1}{T}$ umgewandelt und in ein Diagramm nach Abbildung 36d eingetragen.

101

Die durch die Meßpunkte gelegte ausgleichende Gerade ist die Isostere.

Aus zwei ausgewählten Punkten $(\ln p_{w,1}, \frac{1}{T_1})$ und $(\ln p_{w,2}, \frac{1}{T_2})$ errechnet man nun die Sorptionswärme nach (26).

Beispiel 14. Für das Granulat, dessen Sorptionsisothermen in Abbildung 37a dargestellt sind, sollen beim Wassergehalt $w_t = 5,0\%$ Sorptionswärme und Bindungswärme ermittelt werden.

Tab. 14.

Nr.	ϑ °C	$\frac{1}{T}$ $K^{-1} \cdot 10^{-3}$	p_o mm Hg	φ %	p_w mm Hg	$\lg p_w$
1	20	3.411	17.535	35	6.1371	0.7880
2	30	3.299	31.827	42	13.367	1.1260
3	40	3.193	55.335	49	27.114	1.4332
4	50	3.095	92.545	55	50.900	1.7067

Tabelle 14 enthält hierfür in den Spalten 2 und 5 wieder die zum Wassergehalt $w_t = 5,0\%$ gehörenden Isothermenpunkte der Abbildung 37a, die auch der Isostere Abbildung 37b–d zugrundeliegen, sowie in den Spalten 3 und 7 die daraus erhaltenen Werte $\lg p_w$ und $\frac{1}{T}$. Setzt man beispielsweise die Werte der Punkte 1 und 4 in (26b) ein, so ergibt sich mit $R = 8,3144 \text{ J} \cdot K^{-1} \cdot \text{mol}^{-1}$ für die Sorptionswärme

$$H_S = \frac{2,303 \cdot 8,3144 \cdot (0,9129 - 1,8531)}{(3,095 - 3,411) \cdot 10^{-3}}$$

$$= 56972 \text{ J} \cdot \text{mol}^{-1} \approx 57 \text{ kJ} \cdot \text{mol}^{-1}$$

Man erhält die Geradengleichung für die Isostere, wenn man mit allen vier Wertepaaren eine Regressionsrechnung durchführt:

$$\lg p_w = -2963,8 \frac{1}{T} + 11,02$$

Aus der Steigung findet man für

$H_S = 2963{,}8 \cdot 8{,}3144 \cdot 2{,}303 = 56751\,\text{J} \cdot \text{mol}^{-1} \approx 56{,}8\,\text{kJ} \cdot \text{mol}^{-1}$

und mit $H_L = 44{,}0\,\text{kJ} \cdot \text{mol}^{-1}$ (25 °C)

$H_B = 12{,}8\,\text{kJ} \cdot \text{mol}^{-1}$

Streng betrachtet sind die molaren Wärmen H_S, H_L und H_B nicht temperaturunabhängig. Darum gelten alle genannten Beziehungen genau nur für kleine Temperaturintervalle, für größere jedoch in guter Näherung.

Bei Hydraten verschaffen die Sorptionsisosteren ein genaues Bild über die Beständigkeitsbereiche der Hydratstufen und erlauben damit bei Herstellungs- und Trocknungsprozessen, bei Lagerung und Temperaturbelastungen zu entscheiden, ob unter gegebenen Bedingungen ein Hydrat sich bilden oder zerfallen kann. Mit dem Dinatriumhydrogenphosphat/Wasser-System (s. Abb. 14b) wurde bereits ein Beispiel für Hydrat-Isosteren gezeigt und besprochen.

Weitere Anwendungen

Die folgenden Beispiele erläutern weitere Anwendungsmöglichkeiten für Sorptionsisosteren bei der Granulattrocknung und der Lagerung von verpackten Präparaten.

Abbildung 40 enthält in einem Temperatur-Taupunkt-Diagramm eine Schar von Desorptionsisosteren eines Tablettengranulats.

Beispiel 15. Wegen eines gegen feuchte Wärme empfindlichen Wirkstoffs wird das Granulat schonend – bei 35 °C – auf eine Wasseraktivität von 0,25 (bei 25 °C) getrocknet. Ist es möglich, an einem schwülen Sommertag ($\vartheta = 27$ °C, $\varphi = 60\,\%$ r.F.) auf den verlangten Endzustand zu trocknen?

Dem Diagramm kann entnommen werden, daß der angestrebte Zustand einem Wassergehalt $w_t = 3{,}1\,\%$ (Punkt A) entspricht. Beim Aufheizen der Luft mit den gegebenen Ausgangsbedingungen ergibt sich eine Feuchtigkeit von 37 %. Bei Gleichgewichtseinstellung zwischen Luft und Granulat, d.h. nach sehr langer Trocknungsdauer, wird sich eine Wasseraktivität von 0,37 bei der Trocknungstemperatur 35 °C eingestellt haben entsprechend einem Wassergehalt $w_t = 3{,}3\,\%$. (Punkt B). Das Abkühlen des so getrockneten Granulats verläuft parallel zur nächstliegenden Isosteren abwärts und ergibt die Aktivität $a_w = 0{,}28$ (Punkt C). Die gestellte Frage muß daher verneint werden. Ohne Erhöhung der Trocknungstemperatur auf mindestens 40 °C kann das Trocknungsziel unter den gegebenen Umständen nicht erreicht werden.

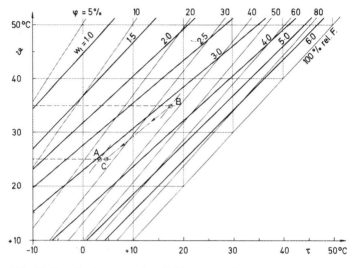

Abb. 40. Sorptionsisosteren eines Tablettengranulats

Beim sogenannten ECONDRY-Trocknersteuerungsverfahren[21] (siehe 6.1.6) wird zwischen Trocknungsluft und Trocknungsgut Gleichgewichtseinstellung herbeigeführt. Bei vorgegebenem Wassergehalt in der Eintrittsluft wird die Temperatur der Austrittsluft so geregelt, daß sie jederzeit der gewünschten Gleichgewichtsbedingung entspricht. Diese Gleichgewichtstemperatur $\vartheta*$ kann der Isostere entnommen werden.

Beispiel 16. Die Isostere Abbildung 37 b–d gilt für den Wassergehalt eines Granulats, der bei 20 °C die Wasseraktivität 0,35 ergibt. Es ist die Temperatur zu ermitteln, die für eine Trocknung mit Gleichgewichtseinstellung einzuhalten ist, wenn die Luft dabei mit einem Taupunkt von 20 °C in das Trocknungsgut einströmt.

Eine Senkrechte von der Taupunktachse nach oben schneidet die Isostere bei 34 °C. Dies ist die gesuchte Gleichgewichtstemperatur $\vartheta*$, auch wenn sich hierbei im Produkt zunächst ein a_w-Wert von 0,44 einstellt, denn bei Abkühlung des Produkts, die auf der Isosteren verläuft, wird bei 20 °C der geforderte Wert $a_w = 0,35$ erreicht.

Für Stabilitätsüberlegungen bei luftdicht verpackten festen Arzneiformen läßt sich aus der Sorptionsisostere die Wasseraktivität entnehmen, die sich bei verschiedenen Lagertemperaturen im Produkt

104

einstellt, und daraus der Wasserdampfpartialdruck ermitteln, dem das Produkt ausgesetzt ist. Bei wasserdampfdurchlässiger Verpackung ist jedoch die Sorptions*isotherme* der jeweiligen Lagertemperatur und die Feuchtigkeit der Umgebungsluft maßgebend.

Beispiel 17. Welche Wasseraktivität wird erreicht, wenn Tabletten aus dem Granulat Abbildung 40 mit einem Wassergehalt $w_t = 4\%$ in luftdichter Verpackung bei 50°C gelagert werden?

Die 4%-Isostere, die bei 20°C einer Wasseraktivität von knapp 0,4 entspricht, zeigt bei 50°C $a_w = 0,62$ an.

Weiterführende Literatur

Lück, W., **Feuchtigkeit.** Verlag R. Oldenbourg, München, Wien 1964, 296 S.

Sonntag, D., **Hygrometrie.** Akademie-Verlag, Berlin 1966–68. 1086 S.

Eberius, F., **Wasserbestimmung mit Karl-Fischer-Lösung.** Monographie Nr. 65 zu Angewandte Chemie und Chemie-Ingenieur-Technik, 2. Aufl. Verlag Chemie, Weinheim 1958

Gál, S., **Die Methodik der Wasserdampfsorptionsmessungen.** Springer-Verlag, Berlin, Heidelberg, New York 1967. 139 S.

Hofer, A. A., **Zur Aufnahmetechnik von Sorptionsisothermen und ihre Anwendung in der Lebensmittelindustrie.** Dissertation Basel 1962

Oehme, F., **Dielektrische Meßmethoden.** Monographie Nr. 70 zu Angewandte Chemie und Chemie-Ingenieur-Technik, 2. Aufl. Verlag Chemie, Weinheim 1962, 186 S.

Johnson, C. A., **Water Determination and its Significance in Pharmaceutical Practice,** in: Advances in Pharmaceutical Sciences Vol. 2, p. 223–310. Editors: H. S. Bean, A. H. Beckett, J. E. Carless. Academic Press, London, New York 1967.

5. Wasseraktivität, Wassergehalt und Feuchtigkeit bei festen Arzneiformen

5.1 Herstellung und Eigenschaften

5.1.1 Überblick über die Granulat- und Tablettenherstellung

Wasser ist in mehrfacher Weise bei der Verarbeitung pulverförmiger Materialien zu einzeldosierten festen Arzneiformen – Tabletten und Dragéekernen – beteiligt und für die Eigenschaften dieser Produkte mitverantwortlich. Bevor Einfluß und Funktionen des Wassers besprochen werden, ist ein kurzer Überblick über die möglichen Herstellungswege angebracht. Tabelle 15 gibt eine Zusammenfassung der erforderlichen und möglichen Verfahrensschritte.

Nur in seltenen Einzelfällen erlauben die mechanischen Eigenschaften und die Dosierung eines Wirkstoffes seine Verpressung zu Tabletten im unvermischten Zustand. Wenn es auch unter Einsatz besonders geeigneter Exzipientien oft gelingt, durch Direktverpressung einer Mischung zu guten Tabletten zu kommen, so ist die Anwendung dieses Verfahrens doch begrenzt. Meist ist die Granulierung, d. h. der Aufbau körniger Agglomerate aus pulverförmigen Wirk- und Hilfsstoffen, der einzige Weg, um

1. gleichmäßiges, freies Fließen der Mischung zu erzielen,
2. eine einmal erzielte homogene Wirkstoffverteilung auch während der Weiterverarbeitung zu erhalten und Entmischung besonders bei niedrigdosierten Wirkstoffen zu verhindern,
3. eine gewisse Verdichtung und damit Volumenreduktion lockeren, feinpulverigen Materials zu erreichen,
4. Staubentwicklung zu unterdrücken oder zu reduzieren.

Dies gilt in ähnlicher Weise auch für Mischungen, die zur Abfüllung in Hartgelatinekapseln bestimmt sind. Für Tablettenmischungen kommt hinzu, daß Granulierung die Verpreßbarkeit zu Tabletten genügender Festigkeit verbessert oder oft überhaupt erst ermöglicht, was besonders auch für die Herstellung von Tabletten mit gesteuerter Wirkstofffreigabe gilt.

Feuchtgranulierprozesse sind nahezu universell anwendbar und gewährleisten im allgemeinen eher als die trockenen, die genannten Ziele zu erreichen. Wegen der meist überlegenen Verarbeitungs- und Produkteigenschaften nach der Feuchtgranulierung entschließt man sich oft zu diesem Herstellungsweg, obwohl er arbeits-, geräte- und

Tab. 15.

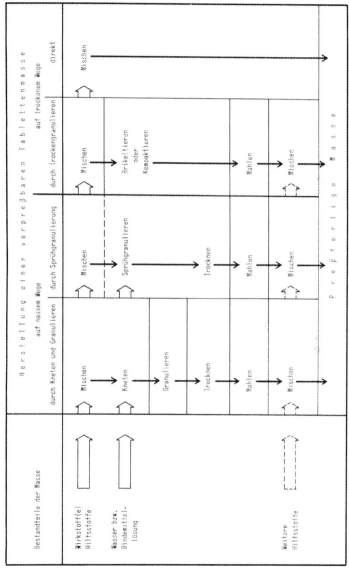

wegen des erforderlichen Trocknungsschritts energieintensiv ist. Wenn irgend möglich, werden dabei aus ökologischen und Sicherheitsgründen Wasser oder wäßrige Bindemittellösungen als Granulierflüssigkeiten eingesetzt.

Unmittelbar an die Granulierung schließt sich die Trocknung des feuchten Granulats an, die im nächsten Abschnitt ausführlicher behandelt wird.

Das getrocknete Granulat wird in der Regel einem Mahl- und Siebvorgang unterworfen. Mit ihm erreicht man die Zerkleinerung zu grober Granulatpartikel auf eine möglichst einheitliche Korngröße, wenn er sich nicht, z. B. bei geschickter Durchführung einer Sprühgranulierung, erübrigt. Hat man notwendige Gleit-, Schmier- und Sprengmittel nicht bereits in das Granulat zu einem sogenannten Einphasengranulat mit eingearbeitet, so werden diese Hilfsstoffe jetzt als *äußere Phase* der *inneren Phase*, dem gemahlenen Granulat, zugemischt. Die nunmehr preßfertige Mischung lagert bis zur Verarbeitung auf der Tablettiermaschine unter Luftabschluß. Bis dahin sowie auch später beim Einfüllen in den Fülltrichter und Ausrieseln aus dem Füllschuh auf den Matrizentisch der Tablettiermaschine ist immer ein Teil des Zwischenprodukts der umgebenden Raumluft ausgesetzt. In gewissem Ausmaß kann hierbei ein Feuchtigkeitsaustausch zwischen Produkt und Raumluft stattfinden. Hier sollen nun die Auswirkungen des Feuchtigkeitszustandes des Granulats und der Tablettenmischung auf die weitere Verarbeitung und die Eigenschaften der Preßlinge näher betrachtet werden.

5.1.2 Bedeutung der Wasseraktivität

Zu den wesentlichen Faktoren wie zweckmäßige Zusammensetzung der Mischung, Wahl des Bindemittels, Höhe und zeitlicher Verlauf des Preßdrucks, Tablettiergeschwindigkeit tritt der Wassergehalt als weiterer Faktor von maßgeblicher Bedeutung für die Weiterverarbeitung und die Eigenschaften des Endprodukts. Wie im einzelnen noch zu zeigen sein wird, gibt ein falscher Wassergehalt zu vielerlei Störungen und Qualitätseinbußen Anlaß. Der richtige Wassergehalt liegt nun aber nach der individuellen Zusammensetzung der Tablettenmasse bei ganz verschiedenen Werten: derselbe Wassergehalt von 1,5 % kann bei einer Tablettenmischung, die einen niedrigen Wirkstoffgehalt und einen hohen Anteil an Stärke aufweist, zu Störungen infolge zu großer Trockenheit führen, während er für ein Präparat mit hohem Wirkstoffanteil gerade richtig sein kann; mit 4 % Wasser ist ein Granulat auf Lactose-Basis – ohne Berücksichtigung des Kristallwassers – viel zu feucht, für eines mit 50% Stärke- und Cellulosederivaten eher zu trocken. Man steht daher vor der Aufgabe, für jede Zusammensetzung den richtigen Wassergehaltsbereich zu finden, der zur Sicherung der optimalen Verarbeitung und Produktqualität beiträgt. Diese Problematik scheint zunächst auf die Forderung nach mühevollen Reihenversuchen hinzuführen, in denen man diesen Wassergehaltsbereich abtastet. Sie erfährt aber ihre weitgehende Lösung oder mindestens Entschärfung dadurch, daß nicht der Wassergehalt, sondern die Wasseraktivität betrachtet wird. Sie stellt den gemeinsamen Nenner dar, über dem die wassergehaltsabhängigen Eigenschaften fester, pulver- und granulatförmiger Materialien verglichen werden können und müssen. Wie bereits gezeigt, kann die Wasseraktivität der Sorptionsisotherme unmittelbar entnommen und für Gemische – auch Granulate und Tablettenmischungen – auf einfachem Wege aus den Sorptionsisothermen der Komponenten mindestens näherungsweise berechnet werden.

In Tabelle 16 sind die Auswirkungen verschiedener Wasseraktivitäten auf die Herstellung und die Eigenschaften von Tabletten zusammengestellt. Die Angaben bilden die Zusammenfassung von Erfahrungsgut aus der Praxis, Schlußfolgerungen aus veröffentlichten Arbeiten und Ergebnissen von Versuchsreihen, bei denen unter Konstanthalten anderer Parameter wie etwa Zusammensetzung, Preßdruck, Korngröße usw. der Einfluß der Wasseraktivität untersucht wurde.[22] Sie sind als allgemeine Tendenzen qualitativer Art zu verstehen. Im Einzelfall kann also auch einmal, je nach Art der an der Tablettenmischung beteiligten Materialien, ein abweichendes Verhalten beobachtet werden.

Verallgemeinerungen aus Versuchsergebnissen, welche die Wassergehaltsabhängigkeit von Pulver-, Granulat-, Tablettier- und Tabletteneigenschaften zum Gegenstand haben, sind nur dann möglich, wenn über den Zustand des in den Materialien enthaltenen Wassers Aussagen gemacht werden können. Wichtig ist dabei die Kenntnis darüber,

1. ob sich das Material im hygroskopischen Bereich ($a_w < 1,0$) befindet und welche Wasseraktivität es dann aufweist, oder
   ob es sich im nichthygroskopischen Bereich ($a_w = 1,0$) befindet und wie hoch sein Wassergehalt ist und
2. ob und in welchem Ausmaß flüssige Anteile – auch bei Wasseraktivitäten < 1,0 – zugegen sind.

Weist ein bestimmtes Material die Wasseraktivität 1,0 auf, dann läßt

Tab. 16. Wasseraktivität bei festen Arzneiformen

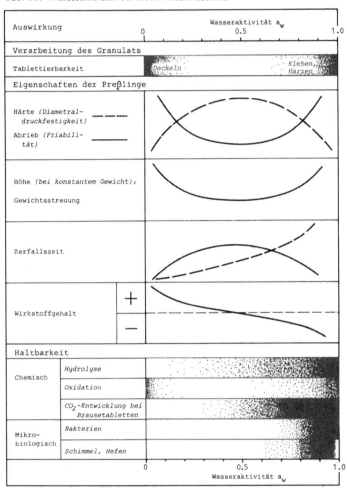

sich sein Zustand nicht mehr allein durch den a_w-Wert eindeutig charakterisieren. Es kann dann beliebige Mengen freien Haftwassers enthalten, die nun mit dem Wassergehalt bezeichnet werden müssen. Entsprechendes gilt für solche Pulver und körnige Materialien, in welchem sich infolge löslicher Bestandteile bereits bei Wasseraktivitäten $< 1,0$ flüssige Phasen bilden. Dies tritt z. B. bei Natriumchlorid bei $a_w > 0,75$, bei Glucose bei $a_w > 0,81$ ein, dann also, wenn die hygroskopische Grenzfeuchtigkeit des Materials oder einer in ihm enthaltenen Komponente überschritten wird. Auch hier kann das Material bei gleicher Wasseraktivität verschiedene Mengen flüssiger Anteile in Form gesättigter Lösung enthalten.

Bei Anwesenheit flüssiger Anteile im Granulat als Wasser oder Lösung wird im allgemeinen mit steigendem Wassergehalt
– die scheinbare Dichte des Granulats und der daraus gepreßten Tabletten höher,
– die Fließfähigkeit des Granulats,
   beim Pressen der Tabletten
– der Kraftverlust durch Reibung des Materials an der Matrizenwand,
– die zum Ausstoßen der Tablette aus der Matrize aufzuwendende Kraft und
– die Druckfestigkeit der Tablette
geringer.

Wenn bei einer nachträglichen Trocknung von Preßlingen gelöste Bestandteile auskristallisieren, so werden die Preßlinge fester, weil nun zusätzliche Festkörperbrücken das Gefüge verstärken. Ihre Druckfestigkeit erhöht sich dann um so mehr, je höher der Wassergehalt zuvor – und damit auch, je niedriger die Druckfestigkeit vor der Nachtrocknung – war.[23]

Wassergehalte, die zu bleibenden wäßrig-flüssigen Phasen im Preßling führen, genießen zwar theoretisches Interesse,[24] sind aber in der Praxis von untergeordneter Bedeutung. Dort stehen vielmehr Wassergehalte im hygroskopischen Bereich im Vordergrund, also in dem Bereich, in welchem bei Wasseraktivitäten unterhalb $1,0$ die Sorptionsisotherme den Gang des Wassergehaltes mit dem a_w-Wert beschreibt.

5.1.3 Wasseraktivität und Wassergehalt bei Granulaten

Mischen (siehe auch Seite 94)

Beim Mischen pulverförmiger Wirk- und Hilfsstoffe führt ein hoher Wassergehalt zu erhöhter Kohäsion der Pulverteilchen. Die verstärkte Haftung der Teilchen aneinander erschwert zwar das Mischen, verringert aber andererseits die Gefahr der Entmischung bei der weiteren Verarbeitung, so daß eine durch den Mischvorgang einmal erreichte Homogenität eher erhalten bleibt.

In sehr trocknen Pulvern können je nach Art der beteiligten Stoffe während des Mischens starke elektrostatische Aufladungen auftreten. Sie entstehen, wenn Stoffe verschiedener Dielektrizitätskonstante miteinander in Berührung gebracht und wieder getrennt werden, wobei die mechanische Trennung von einer gleichzeitigen Ladungstrennung begleitet wird. Die so durch die fortwährende Reibung verschiedenartiger Pulverpartikeln aneinander und an den Mischwerkzeugen erfolgende Aufladung führt dazu, daß entgegengesetzt geladene Partikeln aneinander insgesamt der Mischprozeß gehemmt wird; auch Entmischung ist nicht ausgeschlossen. Mittlere und höhere Feuchtigkeiten wirken sich hier meist so aus, daß getrennte Ladungen rascher ausgeglichen werden und somit auch die störenden Folgen elektrostatischer Aufladung unterbleiben.

Fließfähigkeit

Sowohl zu trockene als auch zu feuchte Tablettenmischungen fließen schlecht und ungleichmäßig. Wie beim Mischen treten bei tiefen Wasseraktivitäten produktabhängig mehr oder weniger starke elektrostatische Erscheinungen auf, die mindestens zum Teil für gestörtes Fließverhalten verantwortlich sind. Bei hoher Wasseraktivität können sich Flüssigkeitsbrücken bilden, die das Vorbeigleiten der Teilchen aneinander hemmen und so das Fließen erschweren. Schlechtes Fließen hat zur Folge, daß sich die Matrizen der Tablettiermaschine ungleichmäßig füllen und so eine höhere, oft unannehmbar hohe Streuung der Tabletteneinzelgewichte auftritt. Häufige Eingriffe in den Tablettiervorgang zur Gewichtskorrektur werden nötig.

Tablettierbarkeit

Hohe Wasseraktivität kann zum *Kleben* der Tablettenmasse an den Stempelpreßflächen führen. Eine weitere Störung beim Tablettieren kann durch falsche Wasseraktivität mitbedingt sein: allmählicher Aufbau festhaftender Schichten an der Matrizenwand, die das Ausstoßen der Preßlinge aus der Matrize erschweren, hat das *Harzen* zur Folge: die erhöhte Reibung zwischen Stempel und Matrizenwand macht die Stempel schwergängig, was sich durch Knarren, Knattern und Knallen als Laufgeräusch der Maschine bemerkbar macht.

Andererseits ist es möglich, daß ein Granulat am unteren Ende der Wasseraktivitätsskala im äußersten Fall gar nicht mehr tablettierbar ist, indem es – wenn überhaupt – zu Preßlingen führt, die schon bei geringer mechanischer Beanspruchung zerbröseln.

5.1.4 Tabletteneigenschaften

Festigkeit

Tabletten müssen gewisse Mindestanforderungen an die mechanische Festigkeit erfüllen, sollen sie die anschließenden Belastungen während weiterer Bearbeitung (Lackieren, Dragieren), Verpackung und Transport überstehen. Aus zu trockenen Mischungen entstehen weiche Tabletten mit geringer Druck- und Abriebfestigkeit: bereits beim Verladen von einem Behälter in einen anderen, beim Umwälzen im Dragierkessel werden scharfe Kanten abgerieben, Schriftzüge und andere eingeprägte Kennzeichnungen ausgebrochen. Eine typische Störung, die bei trockenem Material auftritt, ist das *Deckeln*: Bei mechanischer Beanspruchung, u. U. schon während der Tablettierung, springen scheibenförmige Spaltstücke mit Spaltflächen senkrecht zur Richtung der Preßkraft ab.

Zerfallszeit

Die Zerfallszeit einer Tablette in wäßriger Flüssigkeit ist bei geringen a_w-Werten in der Regel niedrig, bei mittleren Aktivitäten wird allgemein ein Anstieg der Zerfallszeit gemessen, die dann bei hohen a_w-Werten wieder abfällt, aber auch gleichbleiben oder weiter ansteigen kann.

In Zusammenhang mit der geringen Festigkeit bei sehr trockenem Material steht auch die Beobachtung, daß aus solchem Material gepreßte Tabletten deutlich dicker sein müssen, wenn das vorgeschriebene Gewicht eingehalten werden soll. Mangelhafte Bindung zwischen den Pulver- und Granulatpartikeln erklärt beide Auswirkungen. Nach einem flachen Minimum kann die Dicke bei hoher Wasseraktivität wieder zunehmen (Quellung; Lufteinschlüsse).

Wirkstoffgehalt

Der Wirkstoffgehalt ist insofern betroffen, als sich beim gleichen Produkt schwankende Wassergehalte auch in schwankenden Wirkstoffgehalten niederschlagen, da bei der Tablettenherstellung auf konstantes Tablettengewicht hingearbeitet wird. Hierzu das folgende Zahlenbeispiel:

Eine Mischung wird bei einem Wassergehalt von $w_{f,1} = 2,5\%$ zu Tabletten von je 120 mg mit 40 mg Wirkstoffgehalt verarbeitet (Zustand 1). Erfolgt die Tablettierung eines weiteren Herstellungsansatzes bei einem Wassergehalt von $w_{f,2} = 3,5\%$, so sinkt der Wirkstoffgehalt auf 39,6 mg. Bezogen auf den ersten Zustand entspricht dies einem Mindergehalt von 1%. Das ist gewiß nicht viel; der Effekt kann sich aber mit anderen Störfaktoren zu unzulässigen Abweichungen des Wirkstoffgehalts summieren.

Die Wirkstoffgehaltsänderung Δa beträgt bei einer Wassergehaltsänderung $\Delta w = w_{f,1} - w_{f,2}$ bezogen auf den Zustand 1

$$\Delta a = a_1 - a_2 = \frac{a_1 \cdot \Delta w}{100 - w_{f,1}} \text{ Massenteile} \tag{27}$$

oder, als Gehaltsänderung ΔA in % bezogen auf den Wirkstoffgehalt bei Zustand 1,

$$A = \frac{100\,\Delta a}{a_1} = \frac{100\,\Delta w}{100 - w_{f,1}}\,\% \tag{28}$$

Für diese Auswirkung ist selbstverständlich das richtige Wassergehaltsmaß nicht die Wasseraktivität a_w, sondern der Wassergehalt selbst. Die Abweichungen des Wirkstoffgehalts von einem bestimmten, beliebig gewählten Bezugszustand aus – in Tabelle 15 bei $a_w = 0,40$ – entsprechen in der Ausdrucksweise der Wasseraktivität dem Verlauf der jeweiligen Sorptionsisotherme, die an der Horizontalen des Bezugswassergehalts $w_{t,1}$ gespiegelt ist. Dabei muß natürlich der Unterschied zwischen w_t und w_f berücksichtigt werden.

Chemische Haltbarkeit von Wirkstoffen

Die Mehrzahl arzneilicher Wirksubstanzen ist in fester, trockener Form beständig, erleidet aber auf Grund ihrer Struktur in Gegenwart von Wasser chemische Veränderungen, die zu Wirkungsminderung oder -verlust führen. Auch in festen Arzneiformen können – besonders auch durch Vermittlung mancher arzneilich unwirksamer Komponenten – bei hohen Wasseraktivitäten Abbaureaktionen ablaufen, bei denen Wasser als Reaktionspartner oder als Lösungsmittel beteiligt ist:

Hydrolysen (z.B. bei Estern, Amiden)
Oxidationen
Umlagerungen
Reaktionen zwischen Wirkstoffen untereinander
Reaktionen zwischen Wirkstoffen und Hilfsstoffen.

Von den näher untersuchten Fällen feuchtigkeitsbedingter chemischer Instabilität von Wirkstoffen seien hier lediglich drei Beispiele angeführt.

Acetylsalicylsäure wird leicht hydrolytisch in Salicylsäure und Essigsäure gespalten. Dieser Abbau findet auch im festen Zustand statt und ist stark von der relativen Feuchtigkeit der Umgebungsluft abhängig. In Abbildung 41 ist dieser Feuchtigkeitseinfluß graphisch dargestellt.

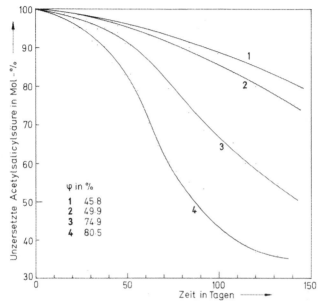

Abb. 41. Hydrolytischer Abbau von Acetylsalicylsäure im festen Zustand bei 60 °C in Abhängigkeit von der relativen Luftfeuchtigkeit. Nach den Daten von *Leeson* und *Mattocks*[25]

Der Abbau des Anticholinergicums *Propanthelinbromid* in Gegenwart von Aluminiumhydroxid wird mit zunehmender Feuchtigkeit rascher, erreicht bei einer Wasseraktivität von 0,75 die höchste Geschwindigkeit, die dann bei noch höheren Aktivitäten wieder abnimmt.[26]

Die thermische Decarboxylierung fester *p-Aminosalicylsäure* wird durch zugesetztes Wasser, aber auch beim Ablauf dieser Zersetzungsreaktion in verschiedenen feuchten Atmosphären in Abhängigkeit von der relativen Feuchtigkeit katalytisch beschleunigt.[27]

Stark gebundenes Wasser, das heißt Wassergehalte mit sehr niedriger Aktivität wie zum Beispiel das Kristallwasser der Lactose und das

„Hydrat"wasser der Stärke, ist bei gewöhnlichen Temperaturen chemisch nicht aktiv. Erreicht andererseits die Wasseraktivität in einer festen Arzneiform Werte, welche die hygroskopische Grenzfeuchtigkeit einer Komponente überschreitet, so überziehen sich deren Teilchen mit einer Schicht der gesättigten Lösung, in welcher nun der Ablauf von Abbaureaktionen besonders leicht möglich ist.

Oxidationen laufen bei entsprechend empfindlichen Stoffen auch bei niedrigen Wasseraktivitäten bevorzugt ab, offenbar dann, wenn aktive Sorptionszentren nicht mit Wasser-, sondern mit Sauerstoffmolekülen besetzt sind.

Abschließend muß hier noch daran erinnert werden, daß feuchtigkeitsbedingte Zersetzung von Arzneimitteln oft auch mit organoleptischen Veränderungen einhergeht – Verfärbung, Geruchsentwicklung, geschmackliche Veränderung.

Mikrobiologische Haltbarkeit

Einige häufig gebrauchte Tablettierhilfsstoffe und Füllmittel wie Gelatine, Lactose, Stärke sind Substrate für bakterielles und Schimmelwachstum. Daher sind Tabletten mit hohen Wasseraktivitäten durch mikrobiellen Verderb gefährdet. Schimmelwachstum ist im allgemeinen von $a_w = 0,75$ an aufwärts möglich, die Wachstumsgrenze geht aber bei einigen Schimmelarten bis auf $a_w = 0,62$ herunter; bei den Hefen und Bakterien liegen die bisher beobachteten Mindestwasseraktivitäten, die noch ein Wachstum zulassen, bei höheren Werten im a_w-Bereich $0,86 - 0,99$ je nach Art des Mikroorganismus.

5.1.5 Das Wasseraktivitätsfenster

Aus den vorstehend betrachteten nachteiligen Auswirkungen falscher Wasseraktivitäten ergibt sich ein „Fenster" zwischen etwa $a_w = 0,2$ und $0,6$, in dem insgesamt mit einem Minimum an Störungen zu rechnen ist. Man wird daher bemüht sein, bei der Tablettenherstellung in der Regel einen Wasseraktivitätswert anzustreben, der in diesem Fenster, vorzugsweise in dessen Mitte bei $a_w = 0,4$ liegt. Im sogenannten „Normklima" (50% r. F. bei $23\,°C$ bzw. 65% r. F. bei $20\,°C$) ist ein Material der angestrebten mittleren Wasseraktivität mit der Umgebungsluft nicht im Gleichgewicht, sondern neigt zur Wasseraufnahme.

Im Einzelfall kann das „Wasseraktivitätsfenster" weiter oder enger oder verschoben sein. Es kommt auch vor, daß sich das Wasseraktivitätsoptimum für die Verarbeitung einer Tablettenmischung nicht mit demjenigen der Haltbarkeit zur Deckung bringen läßt – etwa im Fall hydrolyseempfindlicher Wirkstoffe. Hier muß notfalls durch schonende Nachtrocknung fertiger Tabletten für Stabilisierung gesorgt werden.

Es sei darauf hingewiesen, daß nicht in jedem Fall dieselben Ergebnisse erzielt werden, wenn zu scharf getrocknete Granulate zur besseren Verarbeitung wiederbefeuchtet werden, wie dann, wenn derselbe Wassergehalt durch rechtzeitiges Beenden der Trocknung erreicht wird.

In einer Untersuchung der spezifischen Formungsarbeit beim Verpressen verschiedener hydrophiler und hydrophober Arzneistoffgranulate synthetischer und pflanzlicher Herkunft zu Tabletten gleicher Festigkeit fanden *Gorodnitschew, Egorowa* und *Borisow*,[28] daß die zur Tablettenbildung aufzuwendende Energie stark vom Wassergehalt des Materials abhängt. Bei jedem der untersuchten Granulate durchläuft die aufzuwendende Formungsarbeit in Abhängigkeit vom Wassergehalt ein Minimum, das seinerseits bei sehr verschiedenen Wassergehaltswerten liegt. Bei der Auswertung der Daten dieser Arbeit stellt man fest, daß diese unterschiedlichen Wassergehalte einheitlich einer Wasseraktivität $a_w = 0,88–0,90$ entsprechen. Es darf angenommen werden, daß bei dieser hohen Wasseraktivität kapillar gebundenes Wasser ausgepreßt wird und als Schmiermittel die Reibung zwischen den Granulatpartikeln untereinander und an der Matrizenwand herabsetzt. Der entsprechende Wassergehalt wird zwar von den genannten Autoren als ,,optimaler Wassergehalt'' bezeichnet, weil er erlaubt, mit dem geringsten Energieaufwand Tabletten zu pressen. Optimal ist er jedoch nur in Bezug auf die minimale Formungsarbeit, nicht zwangsläufig aber auch für die übrigen besprochenen wasseraktivitätsabhängigen Tabletteneigenschaften.

5.1.6 Funktionen des Wassers bei Granulierung und Tablettierung

Bei der Bildung von Granulaten übt Wasser zum Teil gleichzeitig, zum Teil in zeitlicher Folge verschiedene Funktionen aus:

1. Durch bewegliche Flüssigkeitsbrücken haften Feststoffteilchen im feuchten Zustand aneinander.
2. An der Oberfläche flüssigkeitsgefüllter Teilchenaggregate sind Kapillarkräfte für deren Zusammenhalt verantwortlich.
3. Kristalline Mischungsbestandteile werden teilweise oder ganz gelöst. Hier wirkt Wasser als Lösemittel, z.B. für wasserlöslichen Wirkstoff, Lactose, Saccharose, Zuckeralkohole. Bei der Trocknung hinterläßt die Lösung kristalline Feststoffbrücken, die zwi-

schen den einzelnen Feststoffteilchen starre Verbindungen herstellen.

Ebenfalls als Lösemittel oder Quellmittel tritt das Wasser auf bei der in breitestem Umfang durchgeführten Granulierung mit härtenden Bindern wie Gelatine, Polyvinylpyrrolidon, löslichen Zellulosederivaten und Stärkekleister.

Diese Funktionen entsprechen verschiedenen Stadien der Flüssigkeitsverteilung, die man während der Trocknung flüssigkeitsbenetzter Teilchenaggregate unterscheiden kann. Sie sind schematisch in Abbildung 42 wiedergegeben und sind auch bei der später zu besprechenden

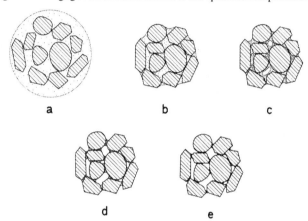

Abb. 42. Zustände flüssigkeitsbenetzter Teilchenaggregate; s. Text

Granulattrocknung von Bedeutung. Ausgehend vom Tröpfchenzustand a, der bei der Sprühgranulierung (6.2) möglich ist, wenn ein Tröpfchen der Bindemittellösung mehrere Pulverpartikeln eingefangen hat, bildet sich der Kapillarzustand b aus, in dem die Oberfläche der Flüssigkeit kraft ihrer Oberflächenspannung die Partikeln wie ein schrumpfender Gummiballon auf den engsten Raum zusammendrängt; die Lücken zwischen den Feststoffpartikeln sind noch vollständig flüssigkeitsgefüllt. Für die darauffolgenden Zustände findet man die Ausdrücke „Seilzustand", „Rosenkranzzustand" und – besser kennzeichnend, wenn auch weniger elegant – „Zustand eingeklemmter Luft" (c)*), in welchem im noch immer zusammenhängen-

---

*) engl. *funicular state*

den kapillaren Flüssigkeitsnetz dampfgesättigte Luftbläschen eingeschlossen sind, sowie „kapillargetrennter" oder „Fugenzustand" und
„Zustand eingeklemmten Wassers" (d)*⁾, in dem isolierte Flüssig-
keitszwickel die Berührungsstellen der Partikeln umgeben und im übrigen die Interpartikularräume luft- bzw. dampferfüllt sind. Gelöstes
Bindemittel führt schließlich durch Ausbildung von Festkörperbrük-
ken zwischen den Partikeln zum verfestigten Aggregat e.

Aus den negativen Auswirkungen hoher und tiefer Wasseraktivitäten ergibt sich die notwendige Anwesenheit einer mittleren Wserak-
tivität in der Tablettenmischung. Sie ist nötig, damit bei der Kompression genügend feste Preßlinge entstehen. Dem bei mittleren Wasseraktivitäten vorherrschenden polymolekular adsorbierten Wasser
dürfte dabei die entscheidende Rolle bei der interpartikulären Bindung zukommen. Die adsorbierten Schichten durchdringen sich gegenseitig bei der Kompression und stellen über Wasserstoffbrücken
die Haftung der Partikeln aneinander her. Die Besetzung oxidations-
empfindlicher polarer Zentren bietet außerdem in gewissen Fällen
einen antioxidativen Schutz. Die oben (S. 117) erwähnte Schmierwir-
kung durch ausgepreßtes Kapillarwasser bei hohen Wasseraktivitäten
wird nur in Ausnahmefällen genutzt werden können, wo entweder
eine Nachtrocknung in Kauf genommen wird oder die hohe Wasseraktivität nicht zu Stabilitätsproblemen führt.

5.1.7 Porosität und Tablettenzerfall

Kapillarwirkung und Auswirkungen der Sorption von Wasser spielen
eine wichtige Rolle beim erwünschten Zerfall von Tabletten. Werden
aus Pulvern Granulate gebildet und aus Pulvern oder Granulaten Tabletten gepreßt, so bleiben zwischen den einzelnen Pulver- oder Granulatpartikeln jeweils Zwischenräume erhalten, welche in ihren Di-
mensionen je nach Preßdruck variieren, aber immer vorwiegend den
Grobkapillaren zuzurechnen sind und Wasser nicht unter Dampf-
druckabsenkung binden. Der Volumenanteil der durch Granulieren
und Komprimieren neu entstehender Kapillarräume mit Radien kleiner als 0,1 µm ist gering. Somit wird bei tiefen und mittleren relativen
Feuchtigkeiten bzw. Wasseraktivitäten auch nicht mehr Wasser gebunden, als dem Wassergehalt der pulverförmigen Einzelbestandteile
auf Grund der Sorptionsisothermen entspricht. Bestenfalls findet bei
sehr hohen Wasseraktivitäten eine geringfügige zusätzliche Wasserbindung statt.

---

*⁾ engl. *pendular state*

Wichtig ist hingegen ein Netz grober Kapillaren ($r > 0,1$ µm) einmal während der Trocknung für den Flüssigkeitstransport aus dem Granulatkern an die Oberfläche, zum anderen in umgekehrter Richtung, wenn eine Tablette bei Berührung mit wäßriger Flüssigkeit zerfallen soll. Rascher Zerfall von Tabletten und ähnlichen peroralen Arzneiformen (Filmdragées, Zuckerdragées) wird dann verlangt, wenn rasche Wirkstoff-Freigabe und -absorption im Organismus beabsichtigt ist. Um dies zu erreichen, werden den Tablettenmischungen Sprengmittel zugesetzt. Stoffe wie Stärke, Zellulosepulver, unlösliche Zellulosederivate (z. B. Carboxmethylzellulose), Alginsäure und Alginate, Formaldehydgelatine, Formaldehydcasein, kolloidale Kieselsäure (Aerosil®) und quervernetztes Polyvinylpyrrolidon erfüllen diese Funktion, weil sie
– in Wasser unlöslich, aber dennoch stark hydratisierbar sind und
– in geeigneter Konzentration die Ausbildung eines leicht benetzbaren Kapillarnetzwerks ermöglichen.

Damit üben die Sprengmittel zunächst hauptsächlich eine Dochtwirkung aus. Sie haben meist ein hohes Sorptionsvermögen für Wasser bzw. Wasserdampf und sind gleichzeitig gute Bindemittel, indem sich ihre hydratisierten Oberflächen unter Ausbildung von Wasserstoffbrücken durchdringen können. Der Tablettenzerfall wird bei Benetzung eingeleitet durch das kapillare Eindringen von wässriger Flüssigkeit, dem dann die Lockerung bzw. Aufhebung der Bindung durch Hydratisierung folgt. Das Quellvermögen allein, d. h. die Volumenzunahme einiger Sprengmittel bei Aufnahme von Wasser, soll zwar nach einer neueren Untersuchung[29] keine ausreichende Erklärung für die Sprengwirkung bieten. Nach verschiedenen anderen Arbeiten[30] darf aber die Bedeutung der Volumenausdehnung durch Quellung, bei Stärke auch die bereits bei hoher Luftfeuchtigkeit sowie in Gegenwart von Wasser rasch ablaufende „Regeneration", d. i. die Annahme der ursprünglichen Form der durch den Preßdruck bei der Tablettierung deformierten Stärkekörner, sowie der Quelldruck für den Tablettenzerfall keineswegs unterschätzt werden, und es erscheint wahrscheinlich, daß für die Wirkung des einzelnen zerfallsfördernden Stoffes der Kapillareffekt und die Hydraulik durch Quellung lediglich unterschiedliche Gewichtung haben.

5.1.8 Feuchtigkeit bei Kapseln und bei Brausetabletten

Die mechanischen Eigenschaften von Hartgelatinekapseln sind abhängig von ihrem Wassergehalt. Da Gelatinekapseln dünnwandig sind, weisen sie eine verhältnismäßig große spezifische Oberfläche auf, die sie zur raschen Wasseraufnahme an feuchter Luft befähigt.[31] Sehr trockene Kapseln sind spröde und brechen leicht; elektrostatische Aufladungen verursachen Störungen im Ablauf des maschinellen Abfüllvorgangs. Hoher Wassergehalt macht sie klebrig und läßt sie schließlich erweichen. Die höchste Festigkeit erreichen Gelatinefilme bei Wasseraktivitäten um 0,4. Dementsprechend äquilibriert man Hartgelatinekapseln bei ihrer Herstellung mit einem Klima von Raumtemperatur und 40% relativer Feuchtigkeit. Auch die Füllung von Kapseln muß in einem Klima erfolgen, dessen Feuchtigkeit nach hohen und tiefen Werten begrenzt ist, vorzugsweise bei 35–40%.

Brausetabletten enthalten organische Säuren oder saure Salze und als CO_2-Spender Carbonate in einem Preßling. Ihrer Bestimmung entsprechend erfolgt bei Berührung mit Wasser CO_2-Entwicklung durch Verdrängung der schwachen Kohlensäure aus dem Carbonat. Die Gasentwicklung läuft aber bereits an feuchter Luft ab. Eigenen Versuchen zufolge darf bei 25°C die relative Feuchtigkeit 35% nicht überschreiten, wenn die gasbildene Reaktion unterdrückt werden soll. Deshalb müssen Räume, in denen Mischungen für Brausetabletten hergestellt und verpreßt werden, auf eine entsprechend tiefe Feuchtigkeit klimatisiert werden.

5.2 Lagerung und Verpackung

Auch nach der Herstellung beeinflußt verschiedener Feuchtigkeitsgehalt der Luft die Eigenschaften fester Arzneiformlinge. Arzneimittel sollen aber die bei der Herstellung erzielten Eigenschaften über einen möglichst langen Zeitraum möglichst unverändert beibehalten. Beste Voraussetzungen dafür, daß unerwünschte sorptionsbedingte Änderungen bei wasseraktivitätsabhängigen Eigenschaften wie z.B. Abrieb- und Druckfestigkeit, Zerfallszeit und Wirkstofffreigabe unterbleiben, sind dann gegeben, wenn die Ausgangs-Wasseraktivität des Materials den klimatischen Lagerbedingungen entspricht, d.h. wenn mit der unmittelbar umgebenden Atmosphäre Sorptionsgleichgewicht besteht. Wird das Material anderen klimatischen Bedingungen ausgesetzt, so beginnen sich Eigenschaften so lange zu verändern, bis wiederum Sorptionsgleichgewicht mit dem neuen Klima eingetreten ist.

Dies gilt auch für Tabletten, die durch Direktverpressung hergestellt worden sind. Bei der Auswahl von Hilfsstoffen für die Direktverpressung muß neben der Ausgangs-Wasseraktivität der Materialien auch berücksichtigt werden, wie sich Feuchtigkeit auf Druckfestigkeit, Abriebfestigkeit, Zerfallszeit und Volumenänderung der Tabletten auswirken. Tabletten mit Lactose oder Dicalciumphosphatdihydrat als Füllmittel, mikrokristalliner Zellulose als Trockenbindemittel und Maisstärke oder direktverpreßbarer Stärke als zerfallsfördernder Komponente erwiesen sich in einer vergleichenden Studie[32] im Hinblick auf die genannten Eigenschaften am günstigsten.

Die Änderung der Druckfestigkeit (Diametraldruckfestigkeit, „Härte") wurde an vier Tablettenpräparaten untersucht, die nach ihrer Herstellung unterschiedlichen Luftfeuchtigkeiten ausgesetzt worden waren. Die Druckfestigkeit nahm bei nachträglicher Aktivitätsänderung durch Wasseraufnahme oder -abgabe umso mehr ab, je mehr sich die neu eingestellte Aktivität vom Ausgangswert entfernte. Nur vereinzelt trat auch geringfügige Festigkeitszunahme auf, diese aber im Bereich $a_w = 0.2 \ldots 0.6$. Ein typisches Beispiel zeigt Abbildung 43.

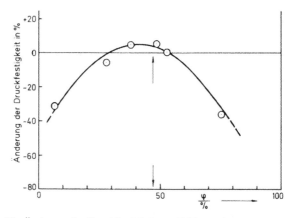

Abb. 43. Änderung der Druckfestigkeit von Tabletten (in Prozenten des Ausgangswerts) nach Lagerung bei verschiedenen Luftfeuchtigkeiten bis zur Gewichtskonstanz. Pfeil: Ausgangszustand der Tabletten, $a_w =$ ca. 0,47, $w_f = 7,8\%$). Nach *Schepky*[33] (Mit freundlicher Erlaubnis der Arbeitsgemeinschaft für Pharmazeutische Verfahrenstechnik, APV, Mainz)

Besonders wenn klimatische Schwellenwerte der Bildung oder des Zerfalls von Wirkstoff- und Hilfsstoffhydraten überschritten werden, kommt es zu größeren Veränderungen physikalischer und chemischer Eigenschaften. Die dabei eintretenden Änderungen im kristallinen

Gefüge wirken sich in einer Stärkung oder Schwächung des mechanischen Zusammenhalts aus. Infolge Temperaturerhöhung abgegebenes Kristallwasser steht für Abbaureaktionen zur Verfügung.

Die Verpackung hat in erster Linie die Aufgabe, ein Arzneipräparat vor schädlichen Umgebungseinflüssen wie Licht, Sauerstoff und Feuchtigkeit zu schützen. Innerhalb der Primärverpackung herrscht ein Binnenklima, mit dem das Präparat im Sorptionsgleichgewicht steht. Je nach der Wasserdampfdurchlässigkeit der verschiedenen Behältermaterialien (Glas-, Kunststoffbehälter, Aluminiumfolie, Formteile aus thermoplastischen Kunststofffolien) kann ein Austausch zwischen Binnenklima und Außenatmosphäre nicht mehr oder noch in mehr oder weniger reduziertem Umfang stattfinden. Bei der Auswahl der Verpackung werden sowohl die Anfälligkeit des Präparats gegen Umgebungseinflüsse wie auch die klimatischen Gegebenheiten in dem Gebiet (Klimazone) berücksichtigt, wo das Präparat gelagert und zum Einsatz kommen soll.

Im Normalfall muß der Feuchtigkeitsschutz durch den Behälter um so besser sein, je mehr die Haltbarkeit durch Feuchtigkeit gefährdet ist. Ausnahmsweise kann aber auch die Haltbarkeit in einer dichten Verpackung schlechter sein: So war der Wirkstoffabbau in Tablet-

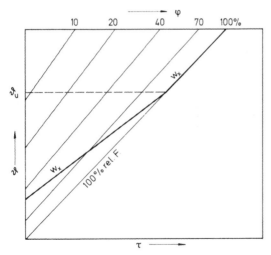

Abb. 44. Sorptionsisostere eines hydrathaltigen Tablettenpräparats.
ϑ_u = Zersetzungstemperatur des Hydrats.

123

ten mit feuchtigkeitsempfindlichen Wirkstoffen bei höherer Temperatur in dicht verschlossenen Glasgefäßen stärker als bei Verpackung in Formteilen aus PVC-Folie, die eine gewisse Wasserdampfdurchlässigkeit aufweist. Durch allmähliche Kristallwasserabgabe aus dem verwendeten Füllstoff (Dicalciumphosphatdihydrat) oberhalb seiner Umwandlungstemperatur erhöhte sich die Feuchtigkeit im Glasbehälter, während der entstehende Wasserdampf durch die PVC-Folie rasch genug entweichen konnte, so daß die Feuchtigkeit auf tiefen Werten blieb. Den temperaturabhängigen Feuchtigkeitsverlauf im verschlossenen Behälter in einem solchen Fall zeigt schematisch die Sorptionsisostere Abbildung 44.

Weiterführende Literatur

List, H. P., **Arzneiformenlehre.** Wiss. Verlagsgesellschaft Stuttgart 1976. 514 S.

Lachman, L., Lieberman, H. A., Kanig, J. L., **The Theory and Practice of Industrial Pharmacy.** 2nd Edition. Lea & Febiger, Philadelphia 1976. 787 S.

Ritschel, W. A., **Die Tablette.** Editio Cantor KG., Aulendorf/Wttbg. 1966. 408 S.

Sucker, H., Fuchs, P., Speiser, P. (Herausgeber), **Pharmazeutische Technologie.** Georg Thieme Verlag Stuttgart 1978. 894 S.

Voigt, R., **Lehrbuch der Pharmazeutischen Technologie.** VEB Verlag Volk und Gesundheit Berlin 1973. 784 S.

Griffiths, R. V., **Effects of Moisture in Tablet Manufacture.** Manuf. Chemist and Aerosol News **40** (1969), 29–32.

Armstrong, N. A., March, G. A., **Avoiding the Streaks in Coulored Tablets.** Manuf. Chemist and Aerosol News **47** (1976), 21–25.

Ridway, K., Rubinstein, M. H., **Solute Migration during Granule Drying.** J. Pharm. Pharmacol. **23** (1971), 11 S–17 S.

Scott, M. W., Lieberman, H. A., Chow, F. S., **Pharmaceutical Applications of the Concept of Equilibrium Moisture Content.** J. Pharm. Sci. **52** (1963), 994–998.

Travers, D. N., **A Comparison of Solute Migration in a Test Granulation Dried by Fluidization and Other Methods.** J. Pharm. Pharmacol. **27** (1975), 516–522.

6. Trocknungsverfahren

Das Entfernen von Flüssigkeit, insbesondere von Wasser, aus festen oder flüssigen Gütern durch Verdunsten oder Verdampfen bezeichnet man als Trocknen. Dem zu trocknenden Gut muß hierzu Energie zugeführt werden. Verschiedene Möglichkeiten der Energiezufuhr, Eigenschaften und Bewegungszustände des Trocknungsgutes und andere Gesichtspunkte, über die Tabelle 17 eine Übersicht gibt, haben zu einer Vielzahl von Trocknertypen geführt.

Tab. 17.

Einteilung von Trocknungsverfahren und Trocknern			
- nach der Energiezufuhr		**- nach dem Bewegungszustand des Produkts**	
Konvektion	Energieträger ist erhitztes strömendes Gas: *Konvektionstrocknung*	Ruhendes Bett	*Trockenschrank* *Hordentrockner*
Kontakt (Wärmeleitung)	Wärmeübertragung durch Berührung mit beheizten Wänden: *Kontakttrocknung*	Bewegtes Bett mit - mechanischer Produktbewegung	*Trommeltrockner* *Schaufeltrockner* *Bandtrockner* *Walzentrockner*
Strahlung	Energieträger ist Infrarot- oder Mikrowellenstrahlung: *Strahlungstrocknung* (Infrarottrocknung bzw. Mikrowellen- oder Hochfrequenztrocknung)	- pneumatischer Produktbewegung	*Fließbett* (= Wirbelbett, Wirbelschicht), Sprudelbett: *Wirbelschichttrockner* Verdünntes Bett: *Pneumatische Trockner* (Trocknung bei gleichzeitiger pneumatischer Produktförderung); *Sprühtrockner*
- nach dem Phasenübergang des Wassers		**- nach dem Betriebsdruck**	
Verdampfung	p_W = P (Siedebedingung): *Verdampfungstrocknung*	Normaldruck Vakuum	
Verdunstung	p_W < P: Verdunstung von Wasser: *Verdunstungstrocknung*	**- nach der Arbeitsweise**	
Sublimation	p_W < P: Verdunstung von Eis: *Sublimationstrocknung* (Gefriertrocknung)	absatzweise (chargenweise) kontinuierlich	
		- nach konstruktiven Merkmalen	
		Schrank-, Turm-, Trommel-, Band-, Walzentrockner usw.	

In der pharmazeutischen Technologie vorkommende Trocknungsvorgänge stehen in mehr oder weniger engem Zusammenhang mit der Formgebung eines Zwischen- oder Endprodukts, so bei der Granulattrocknung nach der Granulierung einer feuchten Tablettenmasse und bei der Gefriertrocknung von Lösungen, zum Teil laufen sie sogar gleichzeitig mit dem formgebenden Prozeß ab; das ist bei der Sprühgranulierung, der Sprühtrocknung und der Dragierung der Fall.

Tab. 18. Die vorherrschenden Trocknungsverfahren in der pharmazeutischen Technologie

Verfahren	Konvektionstrocknung	Sprühtrocknung	Vakuumtrocknung	Gefriertrocknung
Trocknerbauart	Hordentrockenschrank, Wirbelschichttrockner; Wirbelschicht-Sprühgranulator	Sprühtrockner	Vakuumtrockenschrank	Gefriertrocknungsanlagen
Produkt-bewegungszustand	Ruhendes Bett; pneumatisch bewegtes Bett (Fließbett, Wirbelbett)	Verdünntes Bett	Ruhendes Bett	Ruhendes Bett
Energiezufuhr	konvektiv durch Trocknungsluft		Kontaktheizung	Kontaktheizung
Wasserentfernung			durch Abpumpen (Kondensation als Wasser)	durch Sublimation (Kondensation als Eis)
Phasenübergang des Wassers	Verdunstung	Verdampfung	Verdampfung	Sublimation
Gesamtdruck	Atmosphärendruck		Vakuum, $P < p_s$	Vakuum, $P \ll p_s$
Arbeitsweise	absatzweise	kontinuierlich	absatzweise	
Produkte	mechanisch und thermisch stabile Güter (Pulver, Granulate; Tabletten, Dragées)	Lösungen, Extrakte, Pasten, Suspensionen; Produktformung (Instant-Formen, Granulate; Umhüllen)	Wirkstoffe	Feuchtigkeits- und sauerstoffempfindliche Güter (Wirkstoffe, biologische Materialien)

Merkmale wichtiger Trocknungsverfahren sind in Tabelle 18 zusammengestellt. Näher besprochen werden im folgenden die Verfahren, bei denen bewegte Luft den Transport von Wärme und Wasserdampf übernimmt (Konvektionstrocknung), worunter auch die Sprühtrocknung mit ihren besonderen Merkmalen zu zählen ist, sowie die Gefriertrocknung. Wärmetrocknung im Vakuum ist zur Vervollständigung und zum Vergleich in der Tabelle aufgeführt. Sie wird bei der chemischen Wirkstoffherstellung angewandt, bei der Herstellung von Arzneiformen aber nur vereinzelt eingesetzt.

6.1 Konvektionstrocknung

6.1.1 Trockner für die Granulattrocknung

Zur Trocknung feuchter Tablettengranulate kommen fast ausschließlich Konvektionstrockner zum Einsatz. Die beiden vorherrschenden Typen sind der Gebläsetrockenschrank (Schranktrockner, Hordentrockner) und der Wirbelschichttrockner für absatzweisen Betrieb. Der Schranktrockner als das lange Zeit für die Granulattrocknung gebrauchte Gerät tritt für diesen Zweck dem Wirbelschichttrockner gegenüber immer mehr in den Hintergrund. Die Gründe hierfür sind
1. das arbeitsaufwendige Beschicken und Entladen des Schranktrockners;
2. die lange Trocknungsdauer im Schranktrockner; die Trocknung derselben Granulatmenge kann im Wirbelschichttrockner in einer 15–20 mal kürzeren Zeit durchgeführt werden;
3. geringere Wärmebelastung des Trocknungsguts, wenn bei gleichen Trocknungstemperaturen verglichen wird: bei der Wirbelschichttrocknung ist der Kontakt des Gutes mit heißen Flächen erheblich geringer als im Schranktrockner, welcher darum mit Rücksicht auf die Temperaturbelastung des Produkts nur mit vergleichsweise niedrigen Temperaturen betrieben wird.

Granulattrocknung in kontinuierlichen Anlagen (z. B. Trommeltrockner, kontinuierliche Wirbelschichttrockner) kann nur in den seltenen Fällen durchgeführt werden, wo eine Gefahr der Entmischung im Trocknungsgut nicht besteht und spielt daher keine große Rolle.

Vereinzelt wird Vakuumtrocknung bei Tablettengranulaten eingesetzt. Bei oxidationsempfindlichen Stoffen kann sie eine Alternative zur Wirbelschichttrocknung darstellen und wird ohne Produktbewegung in Vakuum-Schranktrocknern oder rascher mit Produktbewegung in Vakuum-Taumel-[34] oder -Schaufeltrocknern durchgeführt.

Möglicherweise wird auch die Mikrowellentrocknung in Zukunft an Bedeutung gewinnen, die für Tablettengranulate, Tabletten und andere Pharmazeutika bereits erprobt worden ist.[35]

Gebläsetrockenschrank

Das feuchte Trocknungsgut wird in dünner Schicht auf flachen Wannen aus Blech, Lochblech oder Sieben ausgebreitet, die übereinander in den Schrank geschoben oder in Gestellwagen eingefahren werden (Abb. 45). Ein Ventilator sorgt für Luftumwälzung. Die Luft passiert

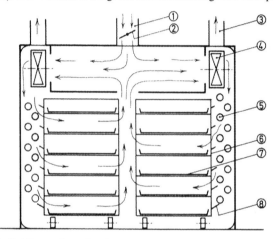

Abb. 45. Gebläsetrockenschrank

1 Frischlufteinlaß	5 Heizregister
2 Drosselklappe	6 Fahrbares Gestell
3 Abluftauslaß	7 Wannen für Trocknungsgut
4 Gebläse	8 Luftleitbleche

ein dampf- oder elektrisch beheiztes Heizregister und wird durch Leitbleche über jede einzelne Produktschicht geführt. Der Lufteinlaß ist mit einem Filter versehen, der Luftabzug mit einer verstellbaren Klappe, mit der das Verhältnis zwischen umgewälzter Luft und Frischluftzufuhr eingestellt werden kann. Bei diesen Trocknern ist gleichmäßige Luftführung und Temperaturverteilung eine konstruktiv nicht leicht lösbare Aufgabe. Bei seiner schwindenden Bedeutung für die Granulattrocknung wird der Schranktrockner für das Nachtrocknen fertiger Dragées gebraucht.

Wirbelschichttrockner

Schüttungen körniger Feststoffe lassen sich in Wirbelschichtapparaten in den Zustand der Wirbelschicht, auch Fließbett genannt, überführen. Dieser Zustand ermöglicht eine besonders intensive Wechselwirkung zwischen strömenden Gas und den einzelnen Feststoffteilchen bei gleichzeitiger ständiger Durchmischung der Teilchen untereinander und ist daher in idealer Weise zur raschen und schonenden Granulattrocknung geeignet. Der Wirbelschichtzustand eröffnet überdies die Möglichkeit zur eleganten Vereinfachung der Granulatherstellung, indem der Granulierprozeß selbst, wie in der Übersicht Tabelle 15 angedeutet, in der gleichen Apparatur durchgeführt werden kann. Durch Aufsprühen einer Bindemittellösung auf das Fließbett läßt sich ein Gemisch pulverförmiger Wirk- und Hilfsstoffe zu größeren Aggregaten agglomerieren (siehe 6.2). Ohne Unterbrechung des Wirbelzustandes kann nach beendeter Sprühgranulierung auf die Trocknung übergangen werden.

Abbildung 46 zeigt schematisch den Aufbau eines Wirbelschichttrockners. Das zu trocknende Gut ruht zunächst im Produktbehälter, dessen Boden durch ein feingelochtes Blech mit darübergelegtem engmaschigen Drahtnetz gebildet wird. Dieser Siebboden hat die Aufgabe, die eintretende Trocknungsluft, welche von unten nach oben durch die Produktschicht strömt, gleichmäßig über die ganze Bodenfläche zu verteilen. Die notwendige Luftströmung wird durch ein starkes Zentrifugalgebläse auf der Abluftseite oberhalb des Filterraums erzeugt.

Mechanik der Wirbelschichttrocknung

Öffnet man bei laufendem Gebläse allmählich die Abluft-Drosselklappe, so wird Luft durch die Zwischenräume des ruhenden Produktbetts gesaugt. Erreicht die Strömungsgeschwindigkeit in den Hohlräumen zwischen den Teilchen einen gewissen kritischen Wert, die Lockerungsgeschwindigkeit v_l, so beginnen sich die bisher aufeinander ruhenden und sich gegenseitig abstützenden Teilchen voneinander zu lösen, wodurch sich das Bett auflockert. Die durch die Luftströmung erzeugte Schleppkraft und der Luftauftrieb halten nun der Schwerkraft die Waage und bringen die Produktteilchen in einen Schwebezustand. Allseitig von Luft umströmt, können die Teilchen sich umordnen, indem sie frei beweglich zirkulieren. Bei kleinen Teilchengrößen erweckt das entstandene Fließbett den Eindruck einer bewegten Flüssigkeit mit leicht wallender Oberfläche. In diesem Zu-

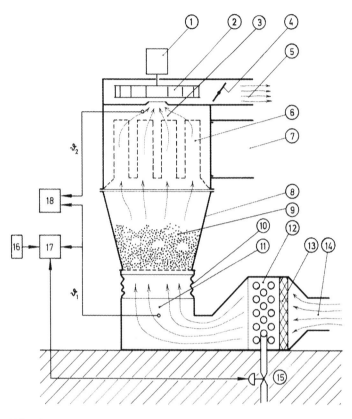

Abb. 46. Wirbelschichttrockner.

1 Gebläsemotor
2 Gebläserad
3 Austrittsluft
4 Luftklappe
5 Abluft
6 Filtersack
7 Druckentlastungsöffnung
  und Entlastungskanal
8 Produktbehälter
9 Produkt-Wirbelbett

10 Andruckmechanismus für
   Produktbehälter
11 Eintrittsluft
12 Heizregister
13 Luftfilter
14 Frischluft
15 Regelventil für Heizdampf
16 Temperatur-Sollwertgeber
17 Temperaturregler
18 Temperaturschreiber für die
   Temperaturen der Eintrittsluft ϑ_1
   und der Austrittsluft ϑ_2

130

stand ist bestmöglicher Wärme- und Stoffaustausch gegeben. Breite Korngrößenverteilung und dicke Produktschichten erfordern höhere Strömungsgeschwindigkeiten, die zum „siedenden Fließbett", d. h. zum Aufsteigen separater Luftblasen im Bett, oder bei entsprechender Behältergeometrie und Luftführung zum „Sprudelbett" (fontäneartiges Hochschießen des Produkts um die senkrechte Behälterachse und Herabfallen nahe der Behälterwand, was insgesamt eine zirkulierende Produktbewegung ergibt) führen. Noch höhere Geschwindigkeiten haben den Austrag des Produktes zur Folge; die Teilchen werden mit dem Luftstrom fortgerissen. Dies geschieht bereits beim normalen Betrieb mit den kleinsten Teilchen, die dann aber in textilen Filtersäcken zurückgehalten werden. Durch periodisches Rütteln oder

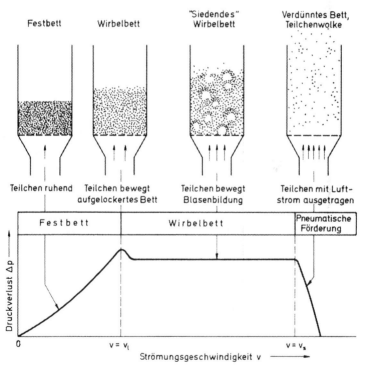

Abb. 47. Bewegungszustände bei der vertikalen Gasdurchströmung einer Schüttgut-Schicht. Δ P = Druckdifferenz (Druckabfall) zwischen Verteilerboden und Obergrenze der Schicht.

Ausblasen mit Druckluft wird im Filter angesammeltes Material wieder in das Produktbett zurückgeführt; währenddessen wird die Wirbelluft vorübergehend unterbrochen. Abbildung 47 veranschaulicht die Bewegungszustände, die ein Granulatbett bei steigenden Durchströmungsgeschwindigkeiten durchläuft. Die darunterliegende Kurve zeigt den parallel dazu ansteigenden Druckabfall über dem Granulatbett, der nach Erreichen der Fluidisierung unabhängig von der Strömungsgeschwindigkeit und der Produktmasse proportional wird, um beim Produktaustrag auf Null abzufallen.

Mit der meist konischen Form des Produktbehälters wird bewirkt, daß die hohe Strömungsgeschwindigkeit, die zur Fluidisierung nötig ist, sich auf den Raum im Produktbehälter beschränkt. Mit zunehmender Querschnittsfläche nimmt die Strömungsgeschwindigkeit ab, so daß mitgeführte Partikeln in dem zwischen Produktbehälter und Filter gelegenen Entspannungsraum wieder auf das Wirbelbett zurückfallen.

Einfluß des Wassergehalts auf die Mechanik der Wirbelschichttrocknung

Wie oben bereits erwähnt, setzt bei körnigem Schüttgut die Bildung der Wirbelschicht ein, wenn die Lockerungsgeschwindigkeit überschritten wird. Diese ist wesentlich abhängig von der Korngröße und der Dichte der Teilchen. Einen bedeutenden Einfluß hat außerdem der Wassergehalt des Materials. Bei sonst gleichen Eigenschaften ist zur Wirbelung eines feuchten Granulats v_l umso höher, je höher der Wassergehalt ist; v_l steigt linear mit dem Wassergehalt an. Die Tendenz der Granulatteilchen, miteinander zu verkleben, nimmt zu, bis bei einem Grenzwassergehalt w_{lim} (vgl. S. 163) die Haftkräfte durch die Luftströmung nicht mehr überwunden werden können: die Luft schafft sich Bahn durch einzelne stationäre Kanäle, welche die sonst zusammenhängende, ruhende Granulatmasse von unten nach oben durchziehen; eine Wirbelschicht kann sich nicht mehr ausbilden. Unterhalb eines kritischen Wassergehalts w_{kr} ist v_l unabhängig vom Wassergehalt, der zwar bei ähnlichen Werten liegt wie der später (Seite 138) zu besprechende Wassergehalt am kritischen Punkt, ihm aber nicht gleich ist. Hingegen ist w_{kr} weitgehend identisch mit dem Gehalt an physikochemisch gebundenem Wasser.

Für die Praxis der Granulattrocknung bedeutet dies, daß
– bei der Feuchtgranulierung ein Grenzwassergehalt nicht überschritten werden darf;

– bei Trocknungsbeginn hoher Luftdurchsatz nötig ist, der aber
– mit fortschreitender Trocknung gedrosselt werden kann.

Zu hoher und vor allem bei fortschreitender Trocknung ungedrosselter Luftdurchsatz hat durch vermehrt gebildeten feinpulverigen Abrieb und Austrag aus dem Wirbelbett rasches und gründliches Verstopfen der Abluftfilter zur Folge, so daß dadurch der Luftdurchsatz vorzeitig auf wirkungslos tiefe Werte absinken und Filterwechsel nötig werden kann.

6.1.2 Triebkräfte bei der Konvektionstrocknung

Die Luft erfüllt bei der Trocknung im Gebläsetrockenschrank eine doppelte, im Wirbelschichttrockner eine dreifache Funktion: Bei beiden bringt sie die erforderliche Wärme an das feuchte Gut heran und führt im Austausch verdunstendes Wasser als Wasserdampf vom Gut weg. Beim Wirbelschichttrockner dient sie außerdem zur Aufrechterhaltung der Wirbelschicht. In jedem Augenblick herrscht ein Gleichgewicht zwischen der Geschwindigkeit der Wärmezufuhr und der Geschwindigkeit, mit welcher verdunstete Flüssigkeit abgeführt wird. Die treibenden Kräfte für den Trockungsvorgang sind das Wärmeangebot aus der Trocknungsluft und die Dampfdruckdifferenz zwischen Produktoberfläche und Trocknungsluft. Wärmeaustausch und Massenaustausch (d. h. Wasseraustausch) zwischen Luft und Trocknungsgut sind bei der Konvektionstrocknung gekoppelte Vorgänge.

6.1.3 Trocknungsverlauf

Der zeitliche Verlauf von Temperaturen und Feuchtigkeit, wie er in Abbildung 48 wiedergegeben ist, gibt Aufschluß über das Geschehen bei einer Trocknung. Führt man die Trocknung eines genügend feuchten Granulats durch bei gleichbleibend hoher Temperatur der Trocknungsluft ϑ_1 und konstanter Luftgeschwindigkeit, so steigt ϑ_1 in der Aufheizphase zunächst auf den eingestellten Sollwert an. Die Temperatur ϑ_2 der Luft, die das Produktbett verläßt, vollzieht diesen Anstieg nicht mit, sie bleibt tief gegenüber der Eintrittstemperatur ϑ_1 oder fällt sogar gegenüber ihrem Anfangswert etwas ab. Für einige Zeit behält ϑ_2 konstant den tiefen Wert bei, um dann plötzlich anzusteigen und in der Temperaturverlaufskurve einen mehr oder weniger ausgeprägten Knick C zu verursachen. Der Temperaturanstieg wird allmählich flacher, bis schließlich ϑ_2 dieselbe Höhe wie ϑ_1 erreicht oder – bedingt durch geringe Wärmeverluste und Undichtigkeit des Trockners – mit geringer Temperaturdifferenz mit ϑ_1 parallel läuft.

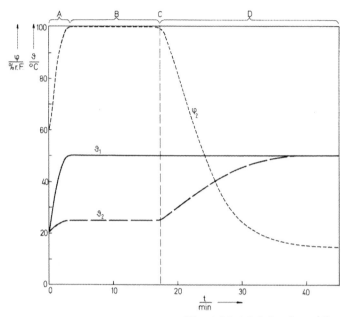

Abb. 48. Verlauf von Temperaturen und Feuchtigkeit bei einer konvektiven Granulattrocknung (z. B. Wirbelschichttrocknung)
A = Aufheizphase, B = erster Trocknungsabschnitt, C = Knick-punkt, D = zweiter und dritter Trocknungsabschnitt; ϑ_1 = Temperatur der Eintrittsluft, ϑ_2 = Temperatur der Austrittsluft, φ_2 = Feuchtigkeit der Austrittsluft

Registriert man den Verlauf der relativen Feuchtigkeit φ_2 in der Austrittsluft, so wird wie bei der Temperatur ein Verlauf in zwei Abschnitten gefunden, der sich aber qualitativ spiegelbildlich zum Temperaturverlauf verhält: zunächst mißt man konstante, hohe Werte bei oder nahe der Sättigung; wenn ϑ_2 den Punkt C erreicht, beginnt φ_2 zu fallen, um schließlich bei einer tiefen relativen Feuchtigkeit konstant zu werden. An diesen nun erreichten Werten von ϑ_2 und φ_2 ändert sich nichts mehr, setzt man auch die Trocknung noch so lange fort. Hiermit hat das Trocknungsgut den Gleichgewichtszustand mit der Eintrittsluft erreicht.

Der Wassergehalt w_t fällt im ersten Trocknungsabschnitt rasch und stetig ab (Abb. 49a). Er sinkt langsamer von Punkt C an, bis auch er schließlich einen konstanten, tiefen Wert erreicht. Bestimmt man aus

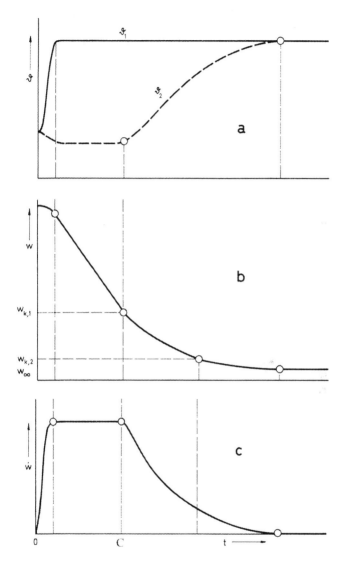

Abb. 49. Zeitlicher Verlauf von a Temperaturen, b Wassergehalt im Trocknungsgut, c Trocknungsgeschwindigkeit bei einer konvektiven Granulattrocknung

135

der Kurve des Wassergehaltsverlaufs die Trocknungsgeschwindigkeit w, d. i. die Änderung des Wassergehalts im Trocknungsgut in der Zeiteinheit, und trägt sie über die Trocknungszeit auf, so erhält man Abbildung 49 c.

Nach den auffallend unterschiedlichen Trocknungsgeschwindigkeiten werden die beiden Hauptabschnitte der Trocknung benannt. Die Vorgänge, die ihnen zugrundeliegen, kann man verstehen, wenn man die Bindungsverhältnisse des Wassers im Trocknungsgut berücksichtigt. Die Temperatur- und Feuchtigkeitverhältnisse lassen sich im h, x-Diagramm verfolgen.

Erster Trocknungsabschnitt: Abschnitt konstanter Trocknungsgeschwindigkeit

Das Material ist feucht von oberflächlichem Haftwasser. Luft, die darüber hinweg oder durch das Produktbett hindurchströmt, wird vollständig mit Wasserdampf gesättigt ungeachtet der Feuchtigkeit, mit welcher die Trocknungsluft in den Trockner eintritt. Die Wärmemenge, die zur Verdampfung des Wassers aufgebracht werden muß, wird der Trocknungsluft entnommen, die sich dadurch abkühlt. Indem sie aber die verdampfte Wassermenge aufnimmt, welche die Verdampfungswärme als latente Wärme enthält, bleibt ihr Wärmeinhalt h gleich. Die Vorgänge erinnern an diejenigen beim Psychrometer: Je trockener die Luft beim Eintritt in den Trockner ist, umso mehr Wasserdampf kann sie bis zur Sättigung aufnehmen und umso tiefer wird sie sich an den wasserabgebenden Oberflächen abkühlen. Auch diese kühlen ab und nehmen dieselbe Temperatur an wie die dampfgesättigte Luft. Diese sogenannte Kühlgrenztemperatur ϑ_k ist die tiefstmögliche Temperatur, die eine nasse Oberfläche beim Beströmen mit Luft durch Verdunstungskühlung erreichen kann; sie kann aber nicht beliebig tief sein. Sie ist abhängig von der („trockenen") Temperatur der eintretenden Trocknungsluft und ihrem Wassergehalt. Das h, x-Diagramm ermöglicht es, für gegebene Zuluftbedingungen leicht die zugehörige Kühlgrenztemperatur zu finden.

Beispiel 18: Frischluft wird mit 13 °C und 60 % r. F. angesaugt und im Heizregister des Trockners auf $\vartheta_1 = 50$ °C erwärmt (Abb. 50, Weg A → B). Diese Luft, die nach der Erwärmung einen unveränderten Taupunkt von $\tau_1 = 5,5$ °C aufweist, kühlt sich beim Kontakt mit feuchtem Trocknungsgut entlang der Linie konstanter Enthalpie (B → C) ab und erreicht den Zustand der Sättigung beim Schnittpunkt mit der Sättigungskurve, hier also bei 22 °C. Dies ist die Kühlgrenztemperatur ϑ_k, die zur Eintrittsluftbedingung ϑ_1, τ_1 (bzw. ϑ_1, φ_1) gehört.

Zweiter Trocknungsabschnitt: Abschnitt fallender Trocknungsgeschwindigkeit

Wenn nur noch ein Teil der trocknenden Produktoberfläche von einem Film ungebundenen Haftwassers bedeckt ist, der nicht mehr ausreicht, die vorbeiströmende Luft mit Dampf zu sätttigen, erreicht die Oberflächentemperatur nicht mehr ihren tiefsten Wert ϑ_k. Die Austrittstemperatur beginnt zu steigen. Wasser muß jetzt auch aus dem Innern der einzelnen Granulatteilchen an die Oberfläche transportiert werden. Bei kapillarporösen Gebilden, wie es Tabletten-Granulatteilchen sind, erfolgt dieser Feuchtigkeitstransport in den Kapillaren und Poren. Die Geschwindigkeit des kapillaren Flüssigkeitstransports ist geringer als die, mit der die Trocknungsluft die Feuchtigkeit abführen könnte.

Dritter Trocknungsabschnitt

Die Existenz zweier Trocknungsabschnitte geht aus den Kurven der Abbildung 49 unmittelbar hervor. Nicht ohne weiteres kann man dem Verlauf der Kurven entnehmen, daß es noch einen dritten Trocknungsabschnitt gibt. Trägt man aber die Trocknungsgeschwindigkeit nicht wie in Abbildung 49c gegen die Zeit, sondern wie in Tabelle 19 oben gegen den verbleibenden Wassergehalt im Trockengut auf, so stellt man fest, daß auf den zweiten ein dritter Trocknungsabschnitt folgt, der durch weitere Abnahme der Trocknungsgeschwindigkeit gekennzeichnet ist. Der kapillare Flüssigkeitstransport ist nun zum Stillstand gekommen, da aus tiefergelegenen Schichten kein Nachschub mehr erfolgt. Mit fortschreitender Trocknung und Erwärmung der äußeren Schichten zieht sich der Flüssigkeitsspiegel in Kapillaren tiefer in das Korninnere zurück, so daß die Verdunstung in tieferen Schichten stattfindet. Der Dampf entweicht durch die lufterfüllten Kapillaren und Hohlräume und muß damit wachsenden Widerstand auf seinem Diffusionsweg zur Oberfläche überwinden. Der Wärmetransport verläuft von außen nach innen und ist damit dem Wasserdampftransport entgegengerichtet. Dadurch wird die Trocknungsgeschwindigkeit noch weiter verlangsamt. Sobald die Wasseraktivität des Trocknungsgutes den Wert 1,0 unterschreitet, muß die Trocknungsluft nicht mehr nur die Verdampfungswärme, sondern zusätzlich noch die Bindungswärme aufbringen, die mit fallender Wasseraktivität zunimmt. Wenn schließlich das Trocknungsgut dieselbe Temperatur wie die Trocknungsluft angenommen hat, ist ein endgültiger Gleichgewichtszustand zwischen Luft und Produkt erreicht. Seine

Tab. 19. Trocknungsabschnitte der Granulattrocknung

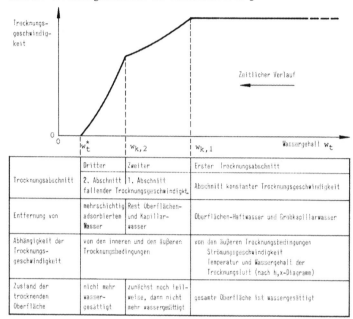

Trocknungsabschnitt	2. Abschnitt fallender Trocknungsgeschwindigkt.	1. Abschnitt	Erster Trocknungsabschnitt
	Dritter	Zweiter	Abschnitt konstanter Trocknungsgeschwindigkeit
Entfernung von	mehrschichtig adsorbiertem Wasser	Rest Oberflächen- und Kapillar- wasser	Oberflächen-Haftwasser und Grobkapillarwasser
Abhängigkeit der Trocknungs- geschwindigkeit	von den inneren und den äußeren Trocknungsbedingungen		von den äußeren Trocknungsbedingungen Strömungsgeschwindigkeit Temperatur und Wassergehalt der Trocknungsluft (nach h,x-Diagramm)
Zustand der trocknenden Oberfläche	nicht mehr wasser- gesättigt	zunächst noch teil- weise, dann nicht mehr wassergesättigt	gesamte Oberfläche ist wassergesättigt

Wasseraktivität entspricht der relativen Feuchtigkeit der Trocknungs-luft – mit $\varphi_1 = 7,5\%$ wird im Beispiel 18 $a_w = 0,075$ –, und sein Wassergehalt kann einer 50°C-Sorptionsisothermen entnommen werden. Da die Trocknung für das Produkt einen Desorptionsvorgang darstellt, ist die Desorptionsisotherme anzuwenden, falls das Material hysteresebehaftet ist.

Im h,x-Diagramm (Abb. 50) bewegt sich der Zustand der Abluft entlang derselben Linie vom Punkt C rückwärts auf den Punkt B zu. Jedem Temperaturwert der Austrittsluft ist ein ganz bestimmter relativer Feuchtigkeitswert zugeordnet; bei bekanntem Zustand der Eintrittsluft ist der augenblickliche Abluftzustand bereits durch nur eine der beiden Angaben – Temperatur *oder* Feuchtigkeit – eindeutig beschrieben.

Dem Übergang vom ersten zum zweiten bzw. vom zweiten zum dritten Trocknungsabschnitt läßt sich auf Grund der Darstellung in Tabelle 18 jeweils ein *kritischer Wassergehalt* $w_{k,1}$ bzw. $w_{k,2}$ zuordnen. Diese Wassergehaltswerte sind keine Konstanten, sondern sind von

138

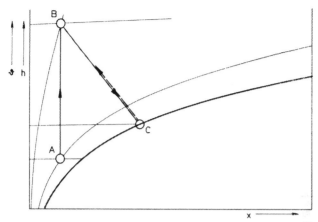

Abb. 50. Konvektionstrocknung im h, x-Diagramm

Produkt zu Produkt verschieden, darüber hinaus auch von den äußeren Trocknungsbedingungen abhängig. Höhere Trocknungsgeschwindigkeiten haben höhere Werte insbesondere von $w_{k,1}$ zur Folge: je höher die Trocknungsgeschwindigkeit im ersten Trocknungsabschnitt und je größer der Widerstand ist, der sich dem Flüssigkeitstransport entgegengestellt, also auch mit wachsendem Durchmesser der Granulatteilchen, um so höher ist der Wassergehalt $w_{k,1}$, wenn der zweite Trocknungsabschnitt einsetzt. Zusammenfassende Überblicke über die Trocknungsabschnitte sind in Tabelle 19 an Hand des Verlaufs der Trocknungsgeschwindigkeit und in Tabelle 20 ausgehend von der Sorptionsisotherme gegeben.

Die zur Herstellung von Tablettengranulaten eingesetzten Flüssigkeitsmengen sind in der Regel so groß, daß der größere Teil als ungebundenes Wasser vorliegt (Bildung der Zustände d oder c in Abb. 42) und im ersten Trocknungsabschnitt weggetrocknet wird. Seltener wird bei der Granulatherstellung die Menge an Bindemittellösung oder Wasser so knapp bemessen, daß bei Trocknungsbeginn der Wassergehalt bereits unter dem kritischen Wert $w_{k,1}$ liegt. Dann entfällt der erste Trocknungsabschnitt. Dies gilt z. B. auch für Granulate, die mit Zuckersirup als Bindemittel hergestellt worden sind.[36] Die Wasseraktivität bei einer Rohrzuckerkonzentration von 85 g in 100 ml Sirup liegt mit 0,914 (25 °C) bereits deutlich unter 1,0 und nimmt mit fortschreitender Konzentrierung durch Verdunstung weiter ab, bis bei der Sättigungskonzentration ($a_w = 0,774$) der Zucker zu kristallisieren

139

Tab. 20. Zusammenhänge zwischen Sorptionsisotherme, Wasserbindung und -transport bei der Granulattrocknung

Bereich	Bindung des Wassers	Entfernung bei der Granulattrocknung	Transportmechanismus	Sorptionsisotherme
nichthygroskopischer	Haftwasser und Grobkapillarwasser	vollständig	Oberflächenverdunstung Wasserdampf wird durch Konvektion abgeführt	
hygroskopischer	Kapillarwasser (in Mikrokapillaren)	je nach Zusammensetzung mehr oder weniger vollständig	flüssiges Wasser wird durch kapillaren Sog an die Oberfläche transportiert und verdunstet dort; gleichzeitig Diffusion von Wasserdampf durch leere Kapillaren, Poren und Hohlräume zur Oberfläche	
hygroskopischer	mehrschichtig adsorbiert	in der Regel nur teilweise	ausschliesslich Diffusion	
hygroskopischer	monomolekular adsorbiert	in der Regel nicht		

Wassergehalt

Wasseraktivität a_w bzw. Relative Feuchtigkeit φ

0 — 1.0

0 — 100 %

anfängt. Folglich kann die Trocknungsluft bei Trocknungsbeginn nicht die volle Wasserdampfsättigung erreichen, ihre relative Feuchtigkeit kommt beim Verlassen der Produktschicht im Höchstfall auf etwa 91% und fällt von Anfang an; die Austrittstemperatur der Luft liegt über der Kühlgrenztemperatur und steigt von Anfang an. Dies sind die Merkmale einer Trocknung mit fallender Trocknungsgeschwindigkeit; das Trocknungsgut befindet sich bei Trocknungsbeginn bereits im hygroskopischen Bereich.

Ähnliche Verhältnisse ergeben sich, wenn Wirkstoff oder andere Granulatbestandteile in hoher Konzentration unter Erniedrigung der Wasseraktivität in der Granulierflüssigkeit in Lösung gehen.

6.1.4 Einflußgrößen bei der konvektiven Granulattrocknung

Die wichtigsten Faktoren und ihre Auswirkung auf den zeitlichen Verlauf einer Granulattrocknung sind in Tabelle 21 aufgeführt.

Die Trocknungsgeschwindigkeit wird während des ersten Trocknungsabschnitts von drei Faktoren bestimmt:
1. Bei der Konvektionstrocknung von Wärmezustrom, der über die Verdampfungswärme mit dem Wasserdampfabstrom gekoppelt sowie der Strömungsgeschwindigkeit der Trocknungsluft proportional ist,
2. von der Temperatur- und Feuchtigkeitsdifferenz zwischen der verdunstenden Oberfläche und der Trocknungsluft,
3. von der Größe der verdunstenden Oberfläche und damit von der Teilchengröße und – bei Hordentrocknung – von der Schichtdicke der Trocknungsgut-Schüttung.

Man faßt diese Faktoren als die *äußeren* Trocknungsbedingungen zusammen; durch sie wird die Trocknung von außen beeinflußt.

Die Dauer des Trocknungsabschnitts kann für verschiedene andere äußere Trocknungsbedingungen näherungsweise berechnet werden, wenn aus einer Versuchstrocknung der Wassergehalt am ersten kritischen Punkt $w_{k,1}$ bekannt ist.

Beispiel 19: Bei der Wirbelschichttrocknung eines Granulats mit dem Anfangswassergehalt $w_o = 24\%$ wurde ein kritischer Wassergehalt von $w_{k,1} = 5\%$ gefunden. Gesucht ist die Dauer des 1. Trocknungsabschnitts für folgende Bedingungen:

Trocknungstemperatur	ϑ_1	$= 40\,°C$
Taupunkt der Trocknungsluft	τ_1	$= 12\,°C$
Luftdurchsatz	$\dot{V}$	$= 2000\ m^3/h$
Gutmenge bezogen auf Trockensubstanz	m_t	$= 60\ kg$

Tab. 21. Wichtige Faktoren mit Einfluß auf die Granulattrocknung in Konvektionstrocknern

Faktor	Einfluß auf die	
	Trocknungsdauer	Trocknungsgeschwindigkeit
Eigenschaften der Trocknungsluft		
Strömungsgeschwindigkeit (Luftdurchsatz durch den Trockner)	im ersten Trocknungsabschnitt: − − − in den folgenden Abschnitten: −	+ + + +
Temperatur	− − −	+ + +
Wassergehalt	+ +	− −
Produkteigenschaften		
Zusammensetzung	variabel + + / − − −	
Wassergehalt	+ + +	———
Korngröße	+ +	− −
Porosität	− −	+ +
Oberflächenverkrustung	+ +	− −
Beladung des Trockners		
Schichtdicke; Chargengröße	+ + +	———

+ + + (− − −) starke, + + (− −) mäßige, + (−) schwache Verlängerung (Verkürzung) der Trocknungsdauer bzw. Steigerung (Verringerung der Trocknungsgeschwindigkeit bei wachsendem Wert des links genannten Faktors

Aus dem h,x-Diagramm ermittelt man für die Trocknungsluftbedingungen die Kühlgrenztemperatur $\vartheta_k = 21{,}5\,°C$ mit dem Sättigungswassergehalt $x_2 = 16{,}5$ g/kg; der Taupunkt τ_1 entspricht einem Wassergehalt von $x_1 = 9{,}0$ g/kg. Die Differenz $x_2 - x_1$ ergibt das Wasseraufnahmevermögen der Trocknungsluft von 0,0075 kg Wasser/kg trockene Luft. Der Luftdurchsatz von 2000 m³/h ermöglicht damit bei einer Dichte der Luft von $\varrho = 1{,}12$ kg/m³ einen Abstrom von $\dot{V} \cdot \varrho \cdot (x_2 - x_1) = 16{,}8$ kg Wasser/h. Aus 60 kg Trocknungsgut sind $m_t \cdot (w_o - w_{k,1}) = 60 \cdot 0{,}19 = 11{,}4$ kg Wasser zu entfernen. Dies erfolgt somit in

$$t_1 = \frac{m_t \cdot (w_o - w_{k,1})}{\dot{V} \cdot \varrho \cdot (x_2 - x_1)} = 0{,}679\,h = 40{,}7\,min$$

142

Tab. 22. Zu *Beispiel 19*

Für			aus h,x-Diagramm			Dauer
ϑ_1	τ_1	ϱ	ϑ_k	x_1	x_2	t_1
°C	°C	kg/m³	°C	g/kg	g/kg	min
40	2	1.12	18.0	4.4	13.3	34.3
	12		21.5	9.0	16.5	40.7
	16		23.1	11.7	18.4	45.6
60	2	1.06	23.6	4.4	19.0	22.0
	12		26.5	9.0	22.6	23.7
	16		27.8	11.7	24.7	24.8
80	2	1.00	28.3	4.4	25.4	16.3
	12		30.5	9.0	29.0	17.1
	16		31.8	11.7	31.2	17.5

Auf demselben Wege erhält man für verschiedene andere Zustände der Trocknungsluft unter Beibehaltung der übrigen Bedingungen die in Tabelle 22 berechneten Trocknungszeiten. Bei ihrem Vergleich wird der dominierende Einfluß der Temperatur erkennbar. Unterschiede im Wassergehalt der eintretenden Frischluft wirken sich dagegen mit ansteigender Temperatur immer weniger aus. Es muß allerdings angemerkt werden, daß $w_{k,1}$ konstant angenommen wurde und darum nur Näherungswerte vorhergesagt werden können. In Wirklichkeit endet der erste Trocknungsabschnitt bei rascherer Trocknung etwas früher, d. h. mit höheren (bei langsamerer Trocknung mit tieferen) Werten von $w_{k,1}$. Entsprechend dauert dann der zweite Trocknungsabschnitt länger (bzw. kürzer).

Den Abschnitten mit fallender Trocknungsgeschwindigkeit liegen nicht mehr die einfachen Gesetzmäßigkeiten der Oberflächenverdunstung zugrunde, wie sie für den ersten Trocknungsabschnitt gelten. Entscheidend für die Trocknungsgeschwindigkeit ist der Feuchtigkeitstransport vom Gutsinnern an die schon trockene Oberfläche. Hierbei können verschiedene Transportmechanismen wirksam sein je nach Zusammensetzung des Materials, Art der Bindung des Wassers und Kornstruktur. Dazu können während der Trocknung Veränderungen wie Schrumpfung und Krustenbildung treten, die sich auf den Transport hemmend auswirken. Die Gesamtheit dieser Faktoren bil-

143

det die sogenannten *inneren* Trocknungsbedingungen, die während des zweiten und dritten Abschnitts die Trocknung beherrschen.

Nach der Art des Feuchtigkeitstransports lassen sich zwei Grenzfälle für trocknende Materialien beschreiben:

1. Kapillarporöse Stoffe: bei ihnen erfolgt der Feuchtigkeitstransport durch kapillare Flüssigkeitsleitung und Diffusion des Dampfes.
2. Gelartige Stoffe, die ein homogenes Flüssigkeits-Feststoff-Gemisch darstellen: bei ihnen ist der Transport nur durch Diffusion der Flüssigkeit möglich.

Nach der Beweglichkeit des Wassers im trocknenden Gut kann man drei Grenzfälle unterscheiden (vgl. hierzu die Wassergehaltsprofile der Abb. 51):

1. Das Wasser ist im festen Material sehr leicht beweglich; während der Trocknung ist der Wassergehalt über den Querschnitt des Materials jederzeit ausgeglichen, Abbildung 51 a.
2. Die Beweglichkeit des Wassers nimmt mit sinkendem Wassergehalt ab (Beispiele: Seifen, Gelatine).
3. Das Wasser ist ortsfest; während der Trocknung ist jederzeit eine scharfe Grenze zwischen getrocknetem und noch feuchtem Material, ein sogenannter ,,Trocknungsspiegel'', vorhanden, siehe Abbildung 51 b. Dieser Grenzfall liegt bei der Gefriertrocknung vor, bei der vor der Trocknung das Wasser durch Einfrieren immobilisiert wird.

Feuchte Tablettengranulate sind aus Komponenten mit verschiedenartiger Wasserbindung zu grobporigen Teilchen aufgebaut und zeigen ein Verhalten, in dem alle Grenzfälle teilweise enthalten sind, Abbildung 51 c.

Vorausberechnungen über den Trocknungsverlauf bei fallender Trocknungsgeschwindigkeit sind wegen der Komplexität der Transportvorgänge nicht möglich. Will man Voraussagen treffen, so muß man Versuchstrocknungen durchführen und sich bei ihrer Auswertung auf empirisch gefundene Zusammenhänge stützen.

Der Wassergehalt ändert sich zeitlich vom Beginn des zweiten Trocknungsabschnitts an nach folgender Näherungsgleichung:

$$\ln \frac{w_{k,1} - w_t^*}{w_t - w_t^*} = k \cdot t \tag{29}$$

Hierin ist w_t der zeitlich veränderliche Wassergehalt, $w_{k,1}$ der Wassergehalt am ersten kritischen Punkt, w_t^* der Gleichgewichtswassergehalt, welcher sich nach völliger Angleichung an die Trocknungsluft einstellt; k ist eine Konstante der Trocknungsgeschwindigkeit. Sie gilt

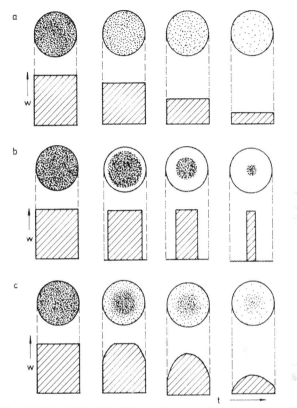

Abb. 51. Zeitlicher Verlauf der Wassergehaltsverteilung in einem trocknenden Produktteilchen bei verschiedener Beweglichkeit des Wassers. In jeder Zeile ist unten der Wassergehalt über dem Teilchenquerschnitt (Wassergehaltsprofil), darüber jeweils der Querschnitt eines Teilchens dargestellt. Der Wassergehalt ist durch die Dichte der Punktierung angedeutet. Siehe Text. In Anlehnung an Schlünder[37].

für ein bestimmtes Produkt, ist von der Temperatur und stark von der Korngröße abhängig: das Quadrat des mittleren Korndurchmessers geht mit umgekehrter Proportionalität in die Konstante ein. Mit dieser Trocknungsgleichung läßt sich aus einer Versuchstrocknung der Zeitbedarf vom Beginn des zweiten Trocknungsabschnitts bis zum Erreichen eines bestimmten Wassergehalts näherungseise berechnen.

Beispiel 20: Für ein Granulat wurde ein kritischer Wassergehalt $w_{k,1} = 5\%$ ermittelt. Die Wassergehaltsbestimmung an einer Probe, die 5 Minuten nach Beginn des zweiten Trocknungsabschnitts entnommen wurde, ergab $w_t = 3,6\%$. Nach zweistündiger Trocknung ändert sich der Wassergehalt von $0,4\%$ nicht mehr. Eine Charge desselben Produkts soll unter den gleichen äußeren Trocknungsbedingungen auf einen Restwassergehalt von $2,2\%$ getrocknet werden. Nach welcher Zeit, gerechnet vom Beginn des zweiten Trocknungsabschnitts, muß die Trocknung beendet werden? Welcher Wassergehalt ist nach 20 min erreicht?

1. Berechnung der Trocknungskonstanten:

Aus (27) ergibt sich mit den angegebenen Werten:

$$k = \frac{1}{t} \ln \frac{w_{k,1} - w_t^*}{w_t - w_t^*} = \frac{1}{5} \ln \frac{5.0 - 0.4}{3.6 - 0.4} = 0,0726 \text{ min}^{-1}$$

Damit wird

$$t = \frac{1}{k} \ln \frac{w_{k,1} - w_t^*}{w_t - w_t^*} = \frac{1}{0,0726} \ln \frac{4,6}{1,8} = 12,9 \text{ min}$$

2. Durch Delogarithmieren und Umformen erhält man aus (29)

$$w_t = w_t^* + (w_{k,1} - w_t^*)\, e^{-kt} \tag{30}$$

Einsetzen der Zahlenwerte liefert den Wassergehalt nach 20 Minuten:

$$w_t = 0,4 + 4,6 \cdot e^{(-0,0726 \cdot 20)} = 1,5\%$$

Kurze Gesamttrocknungszeiten erzielt man dann, wenn das Granulat möglichst feinkörnig und nicht gröber und feuchter als unbedingt nötig zur Trocknung kommt. So läßt sich die Dauer des zweiten Trocknungsabschnitts zugunsten des ersten verkürzen, in dem die Hauptmenge des Wassers mit gleichbleibend hoher Trocknungsgeschwindigkeit entfernt wird. Ein weiterer Anlaß, Feuchtgranulatmassen feinkörnig herzustellen, besteht darin, daß mit kleiner Korngröße die nachteiligen Folgen der Stoffmigration leicht löslicher Wirk- und Farbstoffe gering gehalten werden können.

6.1.5 Migration

Der Transport von Flüssigkeit aus tieferen Schichten an die Oberfläche des feuchten Granulatkorns während der Trocknung kann nachteilige Begleiterscheinigungen haben: Leicht lösliche Stoffe wandern mit der Granulierflüssigkeit an die Oberfläche, wo sie sich als Verdunstungsrückstand anreichern, während im Korninnern die Konzentration zurückgeht. Diese als *Migration* bezeichnete Erscheinung kann lösliche Hilfsstoffe wie Bindemittel und Farbstoffe, aber auch Wirkstoffe betreffen und führt in diesem Fall dazu, daß eine im Laufe der Herstellung der Granulatmasse erzielte gleichmäßige Wirkstoffverteilung teilweise wieder rückgängig gemacht wird. Bei der Wirbelschichttrocknung bildet sich, besonders gegen deren Ende, durch die Bewegung des trocknenden und damit auch spröder werdenden Granulats ein gewisser Pulveranteil, der als Abrieb namentlich der Oberflächenschichten der Granulatkörner entstammt und sich bei der weiteren Verarbeitung (Mahlen, Sieben) noch vermehren kann. Als Folge der Migration wasserlöslicher Wirkstoffe kann – besonders bei niedrigen Wirkstoffgehalten – dieser Pulveranteil eine wirkstoffreichere

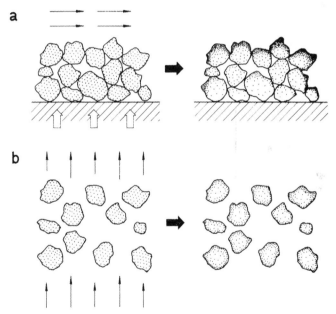

Abb. 52. Konzentrationsverschiebungen durch Migration eines gelösten Bestandteils (punktiert) bei der Trocknung von Granulatkörnern; a: interpartikuläre Migration in einer ruhenden Schüttung von Granulatkörnern bei Wärmezufuhr (leere Pfeile) durch die Auflagefläche; b: intrapartikuläre Migration bei Trocknung im Wirbelbett. Dünne Pfeile: Luftströmung.

Fraktion darstellen. Durch einen nachgeschalteten Mischvorgang muß diese Inhomogenität wieder ausgeglichen werden. Mit löslichen Farbstoffen kann der Entmischungseffekt infolge Migration während der Trocknung unmittelbar sichtbar gemacht werden: die Farbverteilung ist ungleichmäßig; aus dem gefärbten Granulat gepreßte Tabletten sind fleckig. Migrationsbedingte Konzentrationsverschiebungen sind umso ausgeprägter, je länger die Migrationsstrecken sind, und werden daher begünstigt unter den Bedingungen der Verdunstungstrocknung

– durch große Korndurchmesser;

– durch Trocknung im Festbett, d.h. bei Konvektionstrocknung im Trockenschrank, weil hier Migration nicht nur vom Korninnern an die Kornoberfläche (intrapartikulär), sondern auch von tieferen Bettschichten interpartikulär an die Bettoberfläche stattfinden kann, siehe Abbildung 52a;

– bei Wärmeübertragung an das feuchte Trocknungsgut durch Infrarotstrahlung.

Die Migration mit ihren nachteiligen Auswirkungen kann vermindert oder unterdrückt werden

– durch geringe Korngröße des feuchten Granulats;

– durch Trocknung im bewegten Bett (Wirbelschicht-, Trommeltrockner), weil bei verringertem ruhendem Kontakt der Granulatkörner untereinander die interpartikuläre Migration erschwert ist, siehe Abbildung 52b;

– unter den Bedingungen der Verdampfungstrocknung (Vakuumtrocknung), weil dabei die Flüssigkeitsverdampfung nicht auf die Kornoberfläche beschränkt ist. Ähnliches gilt auch bei der Energieübertragung durch Mikrowellen.

6.1.6 Steuerung des Trocknungsprozesses in Wirbelschichttrocknern

Wie in Abschnitt 5 dargelegt, darf das Ziel einer Granulattrocknung nicht darin bestehen, das Wasser so vollständig wie möglich aus dem Trocknungsgut zu entfernen. Vielmehr muß darauf hingearbeitet werden, daß im Regelfall eine Wasseraktivität zwischen 0,2 und 0,6 im getrockneten Gut erhalten bleibt. Bei weitergehender Trocknung wird es fraglich, ob sich dann das Granulat noch störungsfrei verarbeiten läßt und die Eigenschaften des Endprodukts innerhalb der gesetzten Schranken liegen. Hinzu kommt, daß bei übermäßiger Trocknung ein vermeidbarer Mehraufwand an Energie und Zeit getrieben wird.

Bei den in Wirbelschichttrocknern erreichbaren hohen Trocknungsgeschwindigkeiten wird das schmale Wassergehalts- bzw. -aktivitätsband, innerhalb dessen die Eigenschaften für die Weiterverarbeitung und die des Endprodukts optimal sind, in wenigen Minuten durchlaufen. Es sind daher besondere Maßnahmen nötig, durch die der Trocknungsvorgang rechtzeitig beendet oder auf den gewünschten Produktzustand hingelenkt werden kann. Die bestehenden Möglichkeiten und ihre Leistungsfähigkeit sind in Tabelle 23 zusammengestellt.

Tab. 23. Möglichkeiten zur Steuerung der Granulattrocknung in Wirbelschichttrocknern

Kriterium für das Ende der Trocknung	Berücksichtigt oder eliminiert den Einfluß bei Veränderung folgender Faktoren auf das Trocknungsergebnis							
	Trocknungsluft			Produkteigenschaften				
	Luftdurchsatz	Temperatur	Wassergehalt	Zusammensetzung	Korngröße	Porosität	Wassergehalt	Chargengröße
Ablauf einer bestimmten Zeitdauer t_e	-	-	-	-	-	-	-	-
Erreichen einer bestimmten Austrittstemperatur $\vartheta_2 = \vartheta_e$	+	-	-	-	-	-	+	+
Erreichen einer bestimmten Temperaturdifferenz zwischen Austrittstemperatur und Kühlgrenztemperatur $\vartheta_2 = \vartheta_e = \vartheta_k + \Delta\vartheta$	+	+	+	-	-	-	+	+
Erreichen einer bestimmten Austrittsfeuchtigkeit $\varphi_2 = \varphi_e$	+	+	+	-	-	-	+	+
E C O N D R Y - Steuerung	+	+	+	+	+	+	+	+

Bei der üblichen Betriebsweise hält ein Temperaturregler die Trocknungsluft auf einem vorgewählten Wert ϑ_1 konstant. Die dabei anwendbaren Methoden, den Endpunkt der Trocknung, ggf. empirisch auf Grund vorangegangener Versuchstrocknungen, beim richtigen Wassergehalt im Trocknungsgut vorherzubestimmen, lassen sich in drei Gruppen einteilen:
1. Trocknung über eine konstante Zeitdauer
2. Überwachung des Wassergehalts im Trocknungsgut
3. Bestimmung des Trocknungsendpunkts aus einfach zugänglichen Meßgrößen, die indirekt auf den Zustand des Trocknungsguts schließen lassen.

Trocknungsdauer

Nur bei genauer Wiederholung aller Bedingungen, wie sie bei einer Versuchstrocknung herrschten, kommt man mit der empirisch gefundenen Trocknungsdauer zu reproduzierbaren Wassergehalten. Die Trocknungsdauer ist im ersten Trocknungsabschnitt der Beladung proportional, vorausgesetzt, daß auch die Strömungsgeschwindigkeit der Trocknungsluft konstant gehalten werden kann.

Da in der Praxis verschiedene veränderliche Größen beim feuchten Produkt und während des Trocknungsprozesses nicht genügend konstant gehalten oder erfaßt und berücksichtigt werden können, stellt die Arbeitsweise mit fester Trocknungsdauer eine nicht sehr zuverlässige Art der Prozeßführung dar.

Überwachung des Wassergehalts

Direkte kontinuierliche Wassergehaltserfassung ist zwar möglich mit Geräten, die nach den Prinzipien der Mikrowellenabsorption, der Infrarotabsorption oder der DK-Messung arbeiten. Diese Methoden können aber bislang nicht mit den indirekten Möglichkeiten der Endpunkterkennung konkurrieren. Dies teils wegen der Kosten, die für solche Geräte aufzuwenden sind, teils deshalb, weil an einem laufenden Trockner die Bedingungen für eine optimale Messung schwer erfüllbar sind.

Überwachung des Wassergehalts durch Wägung

Die älteste und wohl weitestverbreitete Art, in Produktionsbetrieben den Wassergehalt im Trocknungsgut zu überwachen, besteht darin, die Trocknung wiederholt zu unterbrechen, um durch Wägung den Gewichtsverlust festzustellen, bis der berechnete Trocknungsverlust erreicht ist. Dieses Verfahren ist zwar umständlich, bietet aber die Gewähr, daß auch bei Bildung größerer Agglomerate der Durchschnittswassergehalt der Charge erfaßt wird. Die Wägung der Gesamtmasse des Trocknungsgutes ist aber von einer gewissen Chargengröße an nicht mehr leicht möglich, auch kann durch die mehrmalige Unterbrechung des Prozesses die hohe Trocknungsgeschwindigkeit im Wirbelschichttrockner nicht mehr voll genutzt werden.

Überwachung des Wassergehalts durch diskontinuierliche Wassergehaltsbestimmung

Durch Wassergehaltsbestimmungen an periodisch gezogenen Proben aus dem laufenden Trocknungsprozeß läßt sich der Wassergehalt verfolgen und dann die Trocknung rechtzeitig beenden. Voraussetzung und Hauptproblem ist dabei die Entnahme repräsentativer Proben. Ist diese Voraussetzung erfüllt und können Bestimmungsverfahren mit sehr kurzer Ansprechzeit (Infrarot-, Mikrowellen- und dielektrische Verfahren) eingesetzt werden, dann liegt der Vorteil dieses Vorgehens gegenüber der Wägung vor allem im Zeitgewinn.

Bestimmung des Trocknungsendpunkts auf indirektem Wege

Temperatur bzw. Feuchtigkeit der Austrittsluft

Über die Höhe der Wirbelschicht findet ein sehr rascher und vollständiger Temperaturausgleich zwischen Luft und Produktoberfläche statt. Daher kann aus der Austrittstemperatur nach den besprochenen Gesetzmäßigkeiten ihres zeitlichen Verlaufs auf den augenblicklichen Zustand des Trocknungsguts geschlossen werden. Dasselbe gilt für die Feuchtigkeit der Trocknungsluft. Beide geben den Zustand der trocknenden Oberfläche wieder, wenn die wahren Werte nicht durch zu große Entfernung der Meßstelle vom Wirbelbett verfälscht sind. Allerdings darf die Trocknung nicht schon dann beendet werden, wenn der gewünschte Endzustand des Produkts an der Oberfläche angezeigt wird, z.B. bei $\varphi_2 = 40\%$ r. F. für eine angestrebte Wasseraktivität von 0,4. Weil die inneren Schichten der Granulatkörner zu diesem Zeitpunkt noch einen höheren Wassergehalt aufweisen, sind vielmehr höhere Austrittstemperaturwerte bzw. tiefere Feuchtigkeiten abzuwarten, bis der über den Kornquerschnitt gemittelte Wassergehalt dem gewünschten Endzustand entspricht. Die äußeren Schichten müssen daher bei Trocknungsende trockener sein, wenn die inneren noch feuchter als der gewünschte Endzustand sind; bei Lagerung gleicht sich der Unterschied durch Diffusion aus.

Nach diesen Überlegungen wird deutlich, daß die Faktoren, welche die inneren Trocknungsbedingungen bestimmen, – also Zusammensetzung, Korngröße und -struktur – dominierende, aber auch am wenigsten erfaßbare Einflüsse auf die Werte von Temperatur und Feuchtigkeit der austretenden Trocknungsluft bei Erreichen des gewünschten Wassergehalts ausüben. Schwankungen dieser Produkteigenschaften wirken sich störend auf einen empirisch gefundenen Zusammenhang zwischen diesen Abluftgrößen und dem augenblicklich erreichten Wassergehalt im Trocknungsgut aus und machen die Endpunktvorhersage unsicher. Kann man sie hinreichend konstant halten, so ist dann unter sonst gleichen Bedingungen bei Erreichen gleichen Abluftzustandes auch der Produktzustand gleich.

151

Hier sei daran erinnert, daß es genügt, nur eine der beiden Größen – Temperatur *oder* Feuchtigkeit der Luft – beim Austritt aus dem Produktbett zu messen, da sie über das h, x-Diagramm verknüpft sind (s. S. 138).

Beispiel 21. Eine Granulattrocknung wurde bei einer Temperatur von $\vartheta_1 = 60\,°C$ durchgeführt; man hat während des ersten Trocknungsabschnitts eine Kühlgrenztemperatur von $\vartheta_k = 28\,°C$ beobachtet. Die optimale Wasseraktivität von 0,40 wurde bei einer Austrittstemperatur von $\vartheta_2 = 47\,°C$ erreicht. Dies entspricht nach dem h, x-Diagramm einer relativen Feuchtigkeit von 25%.

Wenn der Endpunkt der Trocknung allein durch einen bestimmten Temperaturwert der Austrittsluft festgelegt wird, kann weder variablen inneren noch äußeren Trocknungsbedingungen – hier vor allem der Trocknungstemperatur und dem jahreszeitlich wechselnden Wassergehalt der Frischluft – Rechnung getragen werden. Dies ist aber wohl dann möglich, wenn die veränderlichen Eintrittsluftzustände berücksichtigt werden, oder wenn man die relative Feuchtigkeit der Austrittsluft als Meßgröße verfolgt.

Temperaturdifferenzverfahren

Ein Wirbelschichttrockner verhält sich im ersten Trocknungsabschnitt wie ein Psychrometer: die Temperatur der Eintrittsluft entspricht der des trockenen, die Austrittstemperatur der des feuchten Thermometers, die Differenz zwischen Eintritts- und Austrittstemperatur entspricht der psychrometrischen Differenz. Es ist daher einleuchtend, den Wassergehalt der Eintrittsluft auf die Trocknung dadurch zu berücksichtigen, daß man nicht die Austrittstemperatur selbst, sondern ihre Differenz zur Kühlgrenztemperatur für die Ermittlung des Trocknungsendpunkts heranzieht.

Man orientiert sich am Verlauf der Austrittstemperatur von Versuchstrocknungen, die ohne Unterbrechung durchgeführt und während welcher gegen Ende etliche Proben zur Wassergehaltsbestimmung gezogen wurden. Es wird dann die Differenz gebildet zwischen derjenigen Temperatur $\vartheta_{2,e}$, die in der Abluft zum Zeitpunkt der Entnahme der Probe mit dem angestrebten Restwassergehalt herrschte, und der Kühlgrenztemperatur ϑ_k, die während der Periode konstanter Trocknungsgeschwindigkeit in der Abluft beobachtet worden war (s. Abb. 53). Die aus mehreren Versuchstrocknungen erhaltenen Werte für $\Delta\vartheta$ werden gemittelt.

Künftige Trocknungen desselben Materials werden dann beendet, wenn die Austrittstemperatur um den Betrag $\Delta\vartheta$ über die jeweilige

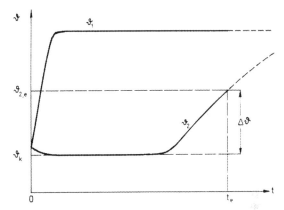

Abb. 53. Zur Ermittlung des Trocknungsendpunkts nach dem Temperaturdifferenzverfahren; siehe Text.

Kühlgrenztemperatur ϑ_k gestiegen ist, die man während des ersten
Trocknungsabschnitts gemessen hat; die Bedingung für das Trocknungsende lautet also
$$\vartheta_{2,e} = \vartheta_k + \Delta\vartheta$$

Wo Probenentnahmen vor Trocknungsende nicht möglich sind,
muß man sich im Laufe mehrerer Trocknungen an den optimalen
Endpunkt herantasten und danach $\Delta\vartheta$ ermitteln.

Beispiel 22. Bei einer Trocknung desselben Materials wie in Beispiel
21 wird infolge geringerer Feuchtigkeit der Eintrittsluft während des
ersten Trocknungsabschnitts eine Austrittstemperatur von $\vartheta_2 = \vartheta_k =$
24 °C gemessen. Die Trocknung wird beendet, wenn $\vartheta_{2,e} =$
24 + 19 = 43 °C; es ist dann $\varphi_2 = 21\%$ r. F.

Erstmals haben *Hill* und *Cilento* 1960 diese Temperaturdifferenzmethode vorgeschlagen, um den geeigneten Zeitpunkt zur Beendigung der Wirbelschichttrocknung von Granulaten zu finden[38]. Gebrauch von der Temperaturdifferenzmethode macht das SIRA-Ver-
fahren: Nach Ablauf einer vorgewählten Zeitdauer nach Trocknungsbeginn zur Überbrückung der Anfangsphase wird die Temperatur der
Abluft ($\vartheta_2 = \vartheta_k$) elektrisch als Vergleichswert gespeichert. Der
Trockner wird abgeschaltet, wenn $\vartheta_2 = \vartheta_k + \Delta\vartheta$ geworden ist. $\Delta\vartheta$ ist
die vorher in Versuchstrocknungen ermittelte und am Steuergerät
eingestellte Temperaturdifferenz. In einer anderen Anwendungsva-
riante der Temperaturdifferenzmethode wurde zur Speicherung von

$\Delta\vartheta$ und ϑ_k und zum Vergleich mit den Augenblickswerten von ϑ_2 ein Tischrechner benutzt[39]. Bei feuchten Gütern, deren Trocknung nicht mit konstanter, sondern mit fallender Trocknungsgeschwindigkeit einsetzt, ist die Temperaturdifferenzmethode in einer Modifikation anwendbar: ϑ_k, das hier nicht dem Temperaturverlauf der Austrittsluft während der Trocknung entnommen werden kann, wird durch ein Feuchtthermometer in der Eintrittsluft dargestellt und steht somit als ständige Bezugstemperatur zur Differenzbildung zur Verfügung.

Relative Feuchtigkeit der Austrittsluft

Man beendet die Trocknung, wenn die relative Feuchtigkeit der Austrittsluft einen empirisch ermittelten Wert erreicht hat. Die beiden Methoden zur Bestimmung des Trocknungsendpunkts – relative Feuchtigkeit der Austrittsluft bzw. Temperaturdifferenz – führen nicht zu identischen Endpunktsbedingungen. Man wird dadurch an den empirischen Charakter dieser Regeln erinnert. Ersetzt man z.B. die Feuchtigkeitsmessung durch die meßtechnisch einfachere Temperaturmessung und beendet in Beispiel 22 die Trocknung nicht bei gleicher Austrittstemperaturdifferenz $\Delta\vartheta$, sondern bei gleicher Austrittsfeuchtigkeit $\varphi_2 = 25\%$, so findet man im h, x-Diagramm die hierzu gehörende Austrittstemperatur $\vartheta_{2,e} = 41\,°C$ (gegenüber $43\,°C$ im obigen Beispiel).

Die Feuchtigkeitsmessung in der Austrittsluft macht auch in solchen Fällen die Vorherbestimmung des Endpunktes möglich, wo die Trocknung mit fallender Geschwindigkeit einsetzt. Allerdings sind die Anforderungen, die an die Erfassung der relativen Feuchtigkeit in der Austrittsluft zu stellen sind, in bezug auf Meßbereich, Feuchtigkeitsextreme, Kondenswasser, Staubempfindlichkeit und Ansprechgeschwindigkeit recht hoch, so daß diese Möglichkeit für die praktische Anwendung von geringer Bedeutung ist.

ECONDRY-Verfahren

Ein anderer Weg, den gewünschten Endzustand im Trocknungsgut sicherzustellen, besteht in der Konditionierung über die Trocknungsluft. Beim sogenannten ECONDRY-Steuerungsverfahren[21] (Abb. 54) wird während einer ersten Phase, die im wesentlichen dem ersten und einem Teil des zweiten Trocknungsabschnitts entspricht, die Hauptmenge des Wassers bei konstanter Trocknungstemperatur entfernt. Wenn nach Ende des ersten Trocknungsabschnitts die ansteigende Austrittstemperatur einen bestimmten Wert überschreitet,

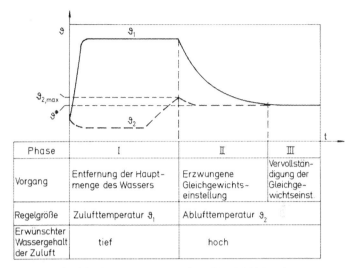

Phase	I	II	III
Vorgang	Entfernung der Haupt-menge des Wassers	Erzwungene Gleichgewichts-einstellung	Vervollstän-digung der Gleichge-wichtseinst.
Regelgröße	Zulufttemperatur ϑ_1	Ablufttemperatur ϑ_2	
Erwünschter Wassergehalt der Zuluft	tief	hoch	

Abb. 54. Verlauf der Temperaturen bei der ECONDRY-Trocknung

schließt sich eine zweite Phase an, in der nun nicht mehr die Eintritts-, sondern die Austrittstemperatur auf einen konstanten Wert geregelt wird. Dieser Wert – die Gleichgewichtstemperatur ϑ^* – ist in Abhängigkeit von der Feuchtigkeit der Eintrittsluft so gewählt, daß die trocknende Oberfläche ständig auf dem gewünschten Endzustand gehalten wird. Dem Trocknungsgut wird dabei nur noch so viel Wärme zugeführt, wie zur Verdunstung des Wassers im Korninnern nötig ist; eine weitere Erwärmung der äußeren Schichten wie bei der sonst üblichen Betriebsart mit gleichbleibend hoher Trocknungstemperatur findet nicht statt. Die Folge dieser Art der Temperaturregelung ist, daß die Trocknungstemperatur von ihrem in der ersten Phase hohen Wert zunächst steil, dann allmählich flacher abfällt, bis schließlich die Temperaturen der eintretenden und der austretenden Luft praktisch zusammenfallen. Wenn dies der Fall ist, herrscht dynamisches Gleichgewicht zwischen Trocknungsluft und Produkt. Nach Ablauf einer kurzen zeitgesteuerten dritten Phase, welche die Vollständigkeit der Gleichgewichtseinstellung sichern soll, kann das Produkt dem Trockner mit der gewünschten Wasseraktivität, gleichzeitig aber auch mit niedrigerer Temperatur als bei der sonst üblichen Betriebsart entnommen werden. Abbildung 55 zeigt schematisch den wesentlichen

155

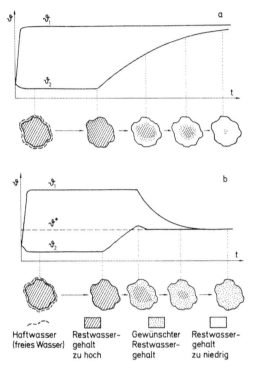

Haftwasser
(freies Wasser)

Restwasser-
gehalt
zu hoch

Gewünschter
Restwasser-
gehalt

Restwasser-
gehalt
zu niedrig

Abb. 55. Verteilung des Wassergehalts in einem Granulatkorn a bei der herkömmlichen Trocknung mit konstanter Trocknungstemperatur ϑ_1, b bei der ECONDRY-Trocknung

Unterschied zwischen der ECONDRY-gesteuerten Trocknung und der üblichen Betriebsweise mit durchgehend konstanter Trocknungstemperatur an der zeitlichen Verteilung des Wassergehalts über den Querschnitt eines einzelnen Granulatkorns. Nach Beginn der Phase II bis zum Trocknungsende wird an der Produktoberfläche der gewünschte Endzustand aufrechterhalten, der sich mit zunehmender Dauer nach innen ausdehnt.

Die Konditionierung über die Trocknungsluft ermöglicht die Einstellung der Wasseraktivität weitgehend unabhängig von der Zusammensetzung und von denjenigen Produkteigenschaften, die den Wasserdampftransport im Stoffinnern bestimmen – Korngröße, Oberfläche, Porosität und Kornstruktur. Der Wassergehalt, der sich bei verschiedener Zusammensetzung des Materials einstellt, ergibt sich aus dem Desorptionsgleichgewicht für die gewünschte Wasseraktivität. Die Gleichgewichtstemperatur, die den Sollwert für die Ablufttemperatur in den Phasen II und III darstellt, wird für den herrschenden Feuchtigkeitszustand der Trocknungsluft der Sorptionsisosteren des zu trocknenden Produkts entnommen, die ja die Gleichgewichtsbedingungen (Temperatur und Feuchtigkeit) für einen konstanten Wassergehalt angibt.

Ohne Kenntnis der Sorptionsisosteren für ein bestimmtes Trocknungsgut kann in erster Näherung im h, x-Diagramm eine durch den gewünschten Endzustand gezogene Parallele zur Sättigungslinie zur Ermittlung der Gleichgewichtstemperatur herangezogen werden. Mit Hilfe des ECONDRY-Steuerungssystems können so Granulate verschiedener Zusammensetzung auf dieselbe Wasseraktivität selbsttätig getrocknet werden.

Zusammenfassung

Die hohen Trocknungsgeschwindigkeiten in Wirbelschichttrocknern erfordern besondere Maßnahmen, um im getrockneten Granulat eine mittlere Wasseraktivität bzw. einen ihr entsprechenden Wassergehalt zu erzielen. Hierfür stehen die folgenden Methoden zur Verfügung, die in weniger oder mehr vollkommener Weise Störungseinflüsse durch variable Eigenschaften des Trocknungsguts und der Trocknungsluft ausschalten oder berücksichtigen:

Direkte Methoden:
— Überwachung des Wassergehalts im Produkt durch periodische Wägung der Charge;
— Wassergehaltsbestimmung an periodisch gezogenen Proben;
 indirekte Methoden:
 Beendigung der Trocknung bei Erreichen eines erfahrungsmäßig gefundenen Wertes
— der Austrittstemperatur,
— der Austrittsfeuchtigkeit oder
— der Differenz zwischen Austrittstemperatur und Kühlgrenztemperatur;
 Gleichgewichtseinstellung zwischen Trocknungsgut und Trocknungsluft (ECONDRY-Verfahren).

6.1.7 Sicherheitsfragen bei Wirbelschicht- und Sprühtrocknern

Wo brennbares Material in Form von Staubwolken in der Luft aufgewirbelt ist, besteht die Gefahr von Staubexplosionen. Ruhende Feinstaubanlagerungen können in Brand geraten. Bei Wirbelschicht- und Sprühtrocknern kommt als weitere Gefahrenquelle die Verwendung brennbarer organischer Lösungsmittel (Methanol, Aethanol, Isopropanol) hinzu, auch wenn sie größtenteils nur in wäßriger Verdünnung gebraucht werden. Während sich in Wirbelschichttrocknern Lösungsmitteldampfexplosionen vorwiegend in der Anfangsphase einer Trocknung ereignen können, nimmt die Gefahr von Staubexplosionen mit fortschreitender Trocknung zu. Im Ereignisfall kann sich ein Brand mit der strömenden Abluft über die Luftkanäle rasch ausbreiten.

Gegen solche Unfälle an Trocknern werden

> präventive,
> passive und
> aktive Schutzmaßnahmen

ergriffen. Erst das gleichzeitige Vorhandensein von

> zündfähigem Material,
> ausreichender Sauerstoffkonzentration und einer
> Zündquelle

führt zum tatsächlichen Eintritt einer Explosion. Präventivmaßnahmen bestehen darin, dieses Zusammentreffen zu verhindern. Dies kann man z. B. erreichen durch *Inertisieren* eines Trockners, das heißt, daß er anstelle von Luft als Trocknungsmedium mit einem inerten Gas (z. B. Stickstoff) oder einem sauerstoffarmen Inertgas-Luft-Gemisch betrieben wird. Die benötigten großen Gasdurchsätze zwingen dabei zum Betrieb in einem geschlossenen System, in welchem das den Trockner verlassende Gas seinerseits getrocknet und über das Heizregister wieder in den Trockner zurückgeführt wird. Die Inertisierung ist dann sinnvoll, wenn man ausschließlich oder überwiegend mit nichtwäßrigen Lösungsmitteln arbeitet, weil ein geschlossener Kreislauf gleichzeitig die Lösungsmittelrückgewinnung ermöglicht.

Eine wichtige vorbeugende Maßnahme ist die Beseitigung von möglichen Zündquellen im Innern des Trockners, zu denen heißlaufende Lager, schleifende und funkende Ventilatorräder und andere bewegte Apparateteile, Zusammentreffen von Eisenrost und Aluminiumteilen (Thermitreaktion!), Überhitzung elektrischer Anlagenbestandteile und insbesondere Schalt- und Kurzschlußfunken sowie elektrostatische Entladungsfunken gehören. Mit abnehmendem Wassergehalt von Produkt und Trocknungsluft wirkt ein Wirbelschichttrockner als elektrostatischer Generator, sobald das bewegte Produkt mit isolierten Metallteilen in Berührung kommen kann. Auf diese übertragen die bewegten Granulat- und Staubteilchen elektrostatische Ladungen. Hat sich durch die angesammelten Ladungsmengen ein genügend hohes Potential gegen geerdete Teile der Apparatur aufgebaut, dann findet Entladung durch Funkenüberschlag statt, der eine Feinstaubwolke im Trockner zünden kann. Äußerst wichtig ist darum die sorgfältige Erdung sämtlicher metallischer Apparateteile.

Die passiven Schutzmaßnahmen sind darauf ausgerichtet, daß der im Ereignisfall angerichtete Schaden denkbar gering bleibt. Dies wird erreicht durch druckstoßfeste Bauweise und die Anordnung von Druckentlastungsöffnungen, die über geradlinige, möglichst kurze Kanäle mit großer Querschnittsfläche in Bereiche führen, wo sich keine Menschen aufhalten und ausgeworfenes brennendes Material keine weiteren Brände verursachen kann. Das muß bereits bei der Wahl des Aufstellungsorts für den Trockner, gegebenenfalls mit besonderen baulichen Maßnahmen, berücksichtigt werden. Schnellschlußklappen sperren die Verbindung des Trockners zu den Zu- und Abluftkanälen ab und reduzieren so die Möglichkeit der Brandausbreitung auf diesem Wege.

Schließlich kann eine beginnende Explosion im Trockner heute mit Hilfe sogenannter Explosionsunterdrückungssysteme rechtzeitig zum Erliegen gebracht werden. Bei derartigen Systemen erfassen Sensoren, die auf Druckänderungen ansprechen, die durch eine anlaufende Explosion erzeugte Druckwelle. Ein Steuergerät löst daraufhin die schlagartige Entladung von Löschmittelpatronen aus, deren Inhalt die Explosionsflamme erstickt.

6.2 Sprühgranulierung

Bei der Sprühgranulierung (Wirbelschichtgranulierung, Fließbettgranulierung) werden durch Aufsprühen von Wasser oder Bindemittellösung auf ein Wirbelbett aus pulverförmigen Ausgangsstoffen körnige Agglomerate gebildet. Dieser aufbauende Produktformungsprozeß wird in Wirbelschichtapparaten durchgeführt, die bei entsprechend bemessener Bauhöhe mit einer in der Höhe verstellbaren Sprühdüse ausgerüstet sind, aus welcher eine Flüssigkeit mit Druckluft versprüht wird (Zweistoffdüse, Abb. 56). Die Förderung der Sprühflüssigkeit erfolgt mit einer unabhängig von der Zerstäuberluft regulierbaren Förderpumpe (z. B. Schlauchquetschpumpe). Der Sprühgranulierpro-

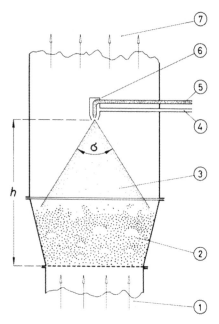

Abb. 56. Anordnung zur Sprühgranulierung im Wirbelbett, schematisch.
1 Eintrittsluft, 2 Produktbehälter mit Produkt, 3 Sprühkegel,
4 Druckluft zur Zerstäubung der Bindemittellösung 5 in der Zweistoffdüse 6, 7 Austrittsluft

zeß hat gegenüber der klassischen Knetgranulierung den großen Vorteil, daß mehrere Verfahrensschritte in einer einzigen Apparatur
durchgeführt werden können. Allerdings muß eine ganze Reihe von
Einflußgrößen beherrscht werden, die in Tabelle 24 aufgeführt sind.
Die Auswirkungen der wichtigsten Prozeßparameter auf die Eigenschaften des Granulats zeigt Tabelle 25. Allgemein ergeben sich Granulate mit schmaler Korngrößenverteilung, geringem Pulveranteil,
gutem Fließvermögen und damit insgesamt guter Eignung für die weitere Verarbeitung zu Tabletten, wenn Bedingungen gewählt werden,
unter denen die sich bildenden Granula möglichst lange feucht bleiben: niedrige Konzentration der Granulierflüssigkeit,
            höhere Sprühgeschwindigkeit,
            gröbere Zerstäubung der Granulierflüssigkeit,
            tiefere Temperatur der Wirbelluft.

160

Granulate mit ungünstigen Eigenschaften entstehen unter Sprüh-
bedingungen, die gleichzeitig rasches Austrocknen bewirken:
konzentriertere Granulierflüssigkeit,
geringe Sprühgeschwindigkeit,
feine Zerstäubung der Granulierflüssigkeit,
höhere Temperatur der Wirbelluft,
höherer Wirbelluftmengendurchsatz.
Die Entstehung von Konglomeraten aus einzelnen Pulverpartikeln
im Sprühgranulator spielt sich so ab, daß zunächst Tröpfchen der

Tab. 24. Faktoren bei der Sprühgranulierung

Stoffliche Faktoren	Ausgangsmaterialien	Bindemittel
	Zusammensetzung	Art des Bindemittels
	Partikelgröße	Konzentration der Bindemittellösung
	Menge	
		Konzentration im Produkt (Bindemittel-Menge)
Apparative Faktoren	Bauart und Größe des Granulators	Sprühbedingungen
		Höhe der Sprühdüse über dem Verteilerboden
		Sprühwinkel
Betriebsweise	Wirbelluft	
	Eintrittstemperatur	Temperatur der Bindemittellösung
	Strömungsgeschwindigkeit (Luftdurchsatz)	Sprühgeschwindigkeit (Fördergeschwindigkeit der Bindemittellösung)
	Wassergehalt	
	Wirbelbett	
	Höhe	

Tab. 25. Einfluß der wichtigsten Faktoren bei der Sprühgranulierung auf das Granulat

Faktor	Mittlere Korngröße	Korngößenverteilung (Breite)	Abrieb	Schütt-dichte	Porosität	Fließ-fähigkeit
S t o f f l i c h e F a k t o r e n						
Stärkegehalt ↑ Lactosegehalt ↓	↓	↓	–	–	–	–
Teilchengöße ↑	↑	↑	–	–	–	–
Bindemittelkonzentration im Sprühgranulat ↑	↑	↑	–	↓	–	–
A p p a r a t i v e F a k t o r e n						
Distanz h (Sprühkopf – Verteilerboden) ↑	(↓)	–	(↑)	○	○	○
Sprühwinkel ⊄ ↑	↓	–	–	–	–	–
B e t r i e b s w e i s e						
Sprühgeschwindigkeit ↑	↑	–	↓	↑	(↓)	↑
Zerstäuberluftdruck ↑	↓	↓	↑	↓	(↑)	(↑)
Temperatur der Eintrittsluft (Wirbelluft) ↑	↓	–	↑	↓	↑	↓

Auswirkung des links genannten Faktors auf die rechts angeführten Produkteigenschaften
↑ = Ansteigen, ↓ = Fallen, ( ) = geringer Einfluß, ○ = praktisch ohne Einfluß, – = keine Angaben

Sprühflüssigkeit auf Pulverpartikeln auftreffen. Die benetzten Teilchen kommen bei der intensiven Durchmischung im Wirbelbett mit weiteren Partikeln in Berührung, mit denen sie zusammenhaften. Wesentlich ist, daß gleichzeitig Verdunstung der flüssigen Phase aus der Bindemittellösung erfolgt. Flüssigkeitsbrücken, die zunächst den Zusammenhalt der Partikeln herbeiführen, gehen dabei allmählich in Festkörperbrücken über, welche durch den Verdunstungsrückstand des Bindemittels gebildet werden. Dieser mit dem Sprühvorgang gleichzeitig ablaufende Trocknungsvorgang muß nach einer anfänglichen Befeuchtungsphase dieselbe Flüssigkeitsmenge aus dem Wirbelbett entfernen, die mit dem Einsprühen der Bindemittellösung eingebracht wird, wenn das Wirbelbett nicht wegen Überschreiten des Grenzwassergehalts w_{lim} (s. S. 132) zusammenbrechen soll. Der Austrag von Wasserdampf unterliegt hierbei den Gesetzmäßigkeiten der Verdunstungstrocknung und ist ausschließlich von den äußeren Trocknungsbedingungen abhängig, d. h. er wird durch Temperatur, Wassergehalt und Strömungsgeschwindigkeit der in das Wirbelbett eintretenden Luft bestimmt und kann durch Änderung dieser Größen gesteuert werden. Die Austrittsluft nimmt – bei wäßrigen Bindemittellösungen – die dem Eintrittsluft-Zustand entsprechende Kühlgrenztemperatur an, kann also dem h, x-Diagramm entnommen werden. Ist der Sprühgranulator mit einem Instrument zur Messung des Luftdurchsatzes ausgerüstet, dann läßt sich die mögliche Sprühgeschwindigkeit für gegebene äußere Luftbedingungen berechnen.

Beispiel 23. Bei einer Sprühgranulierung, die mit einer Zulufttemperatur $\vartheta_1 = 35\,°C$ und einem Luftdurchsatz $\dot{V} = 500$ m^3/h betrieben wird, zeigt die Austrittsluft $\vartheta_2 = 18,5\,°C$. Wie groß darf die Fördergeschwindigkeit der wäßrigen Sprühlösung mit 10 % gelöstem Bindemittel sein, wenn das Strömungsgleichgewicht zwischen Einsprühen und Verdunsten aufrechterhalten werden soll?

Dem h, x-Diagramm entnimmt man wie bei einer Psychrometerablesung mit $\vartheta_2 = 18,5\,°C$ als Kühlgrenztemperatur und $\vartheta_1 = 35\,°C$ als Lufttemperatur den Wassergehalt $x_1 = 6,0$ g/kg Eintrittsluft, für die Austrittsluft $x_2 = 13,0$ g/kg. Je kg trockener Wirbelluft werden somit 7,0 g Wasser abgeführt; bei einem Luftdurchsatz von 500 m^3/h entsprechend $500 \cdot 1,2 = 600$ kg/h $= 10$ kg/min sind dies 70 g Wasser/min. Bei 10 % Bindemittelgehalt in der Sprühlösung können also $70 : 0,9 = 77,8$ g/min eingesprüht werden.

Die Temperaturen der Eintrittsluft bewegen sich vom Betrieb ohne Heizung bis zu etwa 80 °C. Bei tiefen Temperaturen ist, abgesehen von den in Tabelle 25 angegebenen Auswirkungen, die Prozeßdauer stark vom Wassergehalt der angesaugten Frischluft abhängig und dadurch jahreszeitlich großen Unterschieden unterworfen. Ist für die anwendbare Temperatur eine niedrige Obergrenze gegeben, etwa weil es die Eigenschaften gewisser Bindemittel (z. B. Acrylharzdispersionen) nicht erlauben, dann kann bei sommerlich hohen Taupunkten in der Atmosphäre sogar die Entfeuchtung der Zuluft zum Sprühgranulator notwendig werden, um überhaupt eine annehmbare Verdunstungsgeschwindigkeit der eingesprühten Bindemittellösung zu erreichen. Höhere Temperaturen als 80 °C müssen vermieden werden, damit man – anders als bei der Sprühtrocknung – noch im Bereich der Verdunstungstrocknung bleibt. Unter den Bedingungen der Verdampfungstrocknung trocknen versprühte Tröpfchen zu rasch, um beim Zusammentreffen mit Pulverpartikeln noch im bindefähigen Zustand zu sein. Nach beendeter Sprühgranulierung schließt sich unmittelbar die Trocknung mit gegebenenfalls geänderter Temperatur der Eintrittsluft an.

6.3 Sprühtrocknung

Sowohl der Wärmeaustausch mit der Luft als auch die Verdunstung des Wassers finden an der Oberfläche des körnigen Materials statt. Mit wachsendem Zerteilungsgrad nimmt die spezifische Oberfläche zu. Darum trocknet feinkörniges Gut rascher als grobkörniges. In extremer Weise wird die Vergrößerung der Oberfläche im Verhältnis zur Masse des Trocknungsgutes bei der Sprühtrocknung zur Beschleunigung des Trocknungsvorgangs ausgenutzt. Wird ein Liter Flüssigkeit in gleich große Tröpfchen zerstäubt, so ergeben sich in Abhängigkeit vom Tröpfchendurchmesser folgende Gesamtoberflächen und Trocknungszeiten (Tab. 26):

Tab. 26.

Tröpfchen-durchmesser μm	Gesamtoberfläche von 1 Liter Flüssigkeit m^2	Trocknungszeit für ein Tröpfchen sek
1	6000	0,0001
10	600	0,01
100	60	1
1000 = 1 mm	6	100

Besonders eindrucksvoll ist die Verkürzung der Trocknungszeit mit fallendem Teilchendurchmesser.

Die Sprühtrocknung weist neben den typischen Merkmalen der Konvektionstrocknung – Energiezufuhr und Abfuhr des Dampfes durch die bewegte Trocknungsluft – die Besonderheit auf, daß das feste Endprodukt nicht vorgeformt zur Trocknung gelangt, sondern seine Form erst währenddessen erhält. Kennzeichnend für dieses Verfahren ist, daß flüssige Produkte, die sich durch Pumpen fördern lassen, wie

Lösungen, Extrakte, Suspensionen, Emulsionen, Pasten

in einem einstufigen Prozeß in Pulverform überführt werden können. Wird die Sprühtrocknung als Verfahren gewählt, so steht meist weniger die Trocknung als die beabsichtigte Endform des Produkts im Vordergrund.

Das zu trocknende flüssige Gut wird in einer großen Kammer fein zerstäubt, in die gleichzeitig heiße Luft oder ein anderes Gas einströmt. In der kurzen Zeit, während der die Tröpfchen in der Trocknungsluft schweben, verdampft die Flüssigkeit und hinterläßt den feinteiligen Trocknungsrückstand, der schließlich von der Trocknungsluft abgetrennt wird.

Die Sprühtrocknung erfolgt demnach in vier Teilvorgängen:
1. Versprühen des flüssigen Guts,
2. Mischen des Sprühstrahls mit der Trocknungsluft,
3. Trocknen des versprühten Guts,

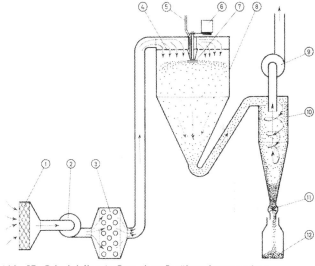

Abb. 57. Prinzipieller Aufbau einer Sprühtrocknungsanlage

1 Luftfilter	7 Zerstäuberrad
2 Gebläse	8 Sprühkammer
3 Heizregister	9 Abluftgebläse
4 Verteilerplatte	10 Fliehkraftabscheider (Zyklon)
5 Zufuhr der Sprühlösung	11 Zellenradschleuse
6 Antriebsmotor für das Zerstäuberrad	12 Trockenes Produkt

4. Trennen des getrockneten Guts von der Trocknungsluft.

Diesen Teilvorgängen entsprechen die wesentlichen Bestandteile einer Sprühtrocknungsanlage:

1. die Zerstäubungs- oder Sprühvorrichtung;
2. eine Trocknungskammer, meist als Sprühkammer oder Sprühturm bezeichnet;
3. eine Luftaufbereitungsanlage, welche die zur Trocknung erforderliche Luft fördert, filtriert und erhitzt;
4. Vorrichtungen, welche die Abscheidung des Sprühprodukts aus der Trocknungsluft ermöglichen.

Abbildung 57 zeigt als Beispiel schematisch den prinzipiellen Aufbau einer Sprühtrocknungsanlage mit Gleichstrom-Luftführung, Fliehkraft-Zerstäubung und Abscheidung des Sprühprodukts in einem Zyklon (Fliehkraft-Abscheider).

Zerstäubung des Sprühguts

Die Zerstäubung kann auf verschiedene Weise erfolgen:

Durch Fliehkraft: Die Flüssigkeit wird bei der Fliehkraftzerstäubung hochtourig rotierenden Scheiben, Düsenrädern, Tellern oder Bechern verschiedenster Gestalt zugeführt. Die Flüssigkeit löst sich unter optimal gewählten Verhältnissen in feinen Fäden vom Rand der Rotoren ab, die dann in Sekundärtröpfchen zerfallen.

Hydraulisch: Durch Kolbenpumpen wird die Flüssigkeit unter hohen Druck gesetzt (bis zu 650 bar) und zur Zerstäuberdüse gefördert. Infolge der plötzlichen Entspannung auf Atmosphärendruck beim Austritt aus dieser sogenannten Einstoffdüse zerreißt der Flüssigkeitsstrahl in Tröpfchen.

Pneumatisch: Die Zerstäubung der Flüssigkeit erfolgt hier durch einen aus derselben Düse (Zweistoffdüse) austretenden Druckluftstrahl.

Die Zerstäubervorrichtung wird nach der gewünschten Korngröße des getrockneten Produkts ausgewählt. Im allgemeinen liefert Fliehkraftzerstäubung feineres, Druckzerstäubung gröberkörniges Produkt. Bei Sprühgütern, bei denen beide Verfahren ähnliche Korngrößen ergeben, wird die Fliehkraftzerstäubung vorgezogen, da sie eine Reihe von Vorteilen gegenüber der Druckzerstäubung durch feine Düsen bietet: vernachlässigbar geringe Verstopfungsgefahr, Anpassungsfähigkeit an verschiedene Produkteigenschaften, Steuerbarkeit der Teilchengröße durch unabhängige Einstellung der Geschwindigkeiten des Rotors und der Sprühgutförderung und Bewältigung hoher Sprühgut-Durchsätze.

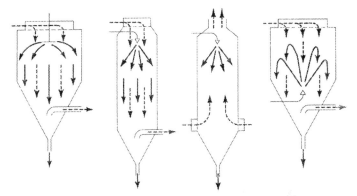

Abb. 58. Luftführung bei Sprühtrocknern mit Fliehkraftzerstäubung (a) und Düsenzerstäubung (b–d).
a, b: Gleichstrom; c: Gegenstrom; d: Mischstrom.
Ausgezogene Pfeile: Produkt; gestrichelte Pfeile: Luft.

In der zweiten Stufe treffen die Tröpfchen mit der Trocknungsluft zusammen. Es bestehen drei Möglichkeiten, Tröpfchenstrahl und Luftstrom zueinander zu führen: im Gleichstrom, im Gegenstrom oder Mischstrom. Abbildung 58 zeigt Sprühgut- und Luftführung schematisch; zugleich ist angedeutet, daß die Bauform der Sprühkammer von der Luftführung mitbestimmt wird. Die Bauhöhe der Sprühkammer muß so bemessen sein, daß die Verweildauer des versprühten Produkts im Schwebezustand bzw. im Fallen lang genug ist, daß währenddessen vollständige Trocknung erfolgen kann. Die Gleichstrom-Luftführung ist die für pharmazeutische Produkte am meisten gebrauchte, weil bei ihr die Wärmebelastung des Produkts am geringsten ist.

Beim Kontakt der Tröpfchen mit der heißen Luft erfolgt rasch der Aufbau eines gesättigten Dampffilms um das Einzeltröpfchen, aus dem die Verdampfung stattfindet. Dabei liegt die Oberflächentemperatur des Tröpfchens zum Beispiel bei 40 °C, wenn die Lufttemperatur 140 °C beträgt. Auch hier durchläuft die Trocknung Phasen, die den Perioden konstanter und fallender Trocknungsgeschwindigkeit entsprechen; die Verhältnisse werden allerdings dadurch verwischt, daß die Lufttemperatur nicht konstant bleibt, sondern fällt, weil die Verdampfungswärme für das Sprühgut dem Wärmeinhalt der Trocknungsluft entnommen wird. Mit zunehmender Fallstrecke des trock-

167

nenden Sprühguts sinkt die Lufttemperatur, und das trockene Produkt erwärmt sich.

Das von der Trocknungsluft mitgeführte Produkt wird entweder (wie in Abb. 57) als Gesamtprodukt oder fraktioniert abgeschieden. Im letzten Fall kann das grobe Produkt am Boden der Sprühkammer gesammelt und das Feingut in Zyklonen, textilen Filtern oder elektrostatischen Abscheidern aufgefangen werden. Steht die Gewinnung einer möglichst einheitlichen Korngröße im Vordergrund, dann wird das Feingut wieder in den Prozeß zurückgeführt und erneut versprüht. Um Feinststaub vom Austritt in die Atmosphäre zurückzuhalten, müssen gegebenenfalls Naßwäscher zur Abluftreinigung nachgeschaltet werden, da man mit Trockenabscheidern nie einen Reinigungsgrad von 100% – mit Textilfiltern bestenfalls 99,9% – erreichen kann.

In welcher Gestalt das sprühgetrocknete Produkt anfällt, hängt von der Trocknungstemperatur und von den Eigenschaften der Kruste ab, die sich an der Oberfläche der trocknenden Tröpfchen bildet. Je nach Material kann sie kristallin oder amorph sein, porös oder wenig dampfdurchlässig, starr oder plastisch. Dementsprechend entstehen wohlgeformte und vollständige oder geplatzte, kollabierte, geschrumpfte oder schwammige Hohlkügelchen. Temperaturen über dem Siedepunkt bewirken durch das verdampfende Lösungsmittel bei wenig durchlässigen Oberflächenfilmen einen Druckanstieg, der die Tröpfchen zum Anschwellen, Zerbrechen oder zum punktuellen Aufreißen bringt; durch das ‚Ausblaseloch‘ entweicht Dampf, der u. U. noch feine Flüssigkeitströpfchen mitreißt. Diese Form der Hohlkügelchen mit Ausblaseloch – sog. Cenosphären – trifft man bei Sprühprodukten häufig an.

Wasseraktivität des Sprühprodukts

Enthält das Trockenprodukt Bestandteile mit tiefer hygroskopischer Grenzfeuchtigkeit wie Saccharide, Peptide, Salze, wie dies z. B. bei pflanzlichen und tierischen Extrakten der Fall ist, so wird eine Wasseraktivität angestrebt, die tief genug ist, um Verkleben oder Zerfließen bei der weiteren Behandlung zu verhindern. In den meisten Fällen bedeutet dies, daß bestmögliche Entwässerung nötig ist. Im Sprühtrockner trocknet das einzelne Tröpfchen des Sprühguts zudem so rasch, daß die Kristallisation in ihm gelöster Feststoffe mit der Trocknung in vielen Fällen nicht Schritt halten kann. Dann ist das Trocknungsprodukt amorph oder weist einen nur niedrigen Kristallinitätsgrad auf. Die Hygroskopizität solcher Produkte ist entsprechend größer als die der jeweiligen kristallinen Form (s. S. 45).

Einflußgrößen beim Sprühtrocknen

Da die Sprühtrocknung in erster Linie einen Produktformungsprozeß darstellt, wünscht man bestimmte Eigenschaften eines feinteiligen Trocknungsprodukts zu erzielen, die sich in bestimmten Werten der Korngröße, der Korngrößenverteilung, der spezifischen Oberfläche, des Schütt- und Stampfvolumens und der Fließfähigkeit kennzeichnen lassen.

Von den zahlreichen Variablen des Sprühtrocknungsprozesses, mit denen sich die Eigenschaften des Produkts steuern lassen, sind nachfolgend die wichtigsten genannt:

Zerstäubung: Fördergeschwindigkeit der Sprühlösung
                  Zerstäubungsbedingungen
Trocknungsluft: Luftführung
                  Strömungsgeschwindigkeit
                  Eintrittstemperatur
                  Austrittstemperatur
Produkt: Konzentration und Art der gelösten Feststoffe
                  Temperatur
                  Oberflächenspannung
                  Viskosität

In diesem Zusammenhang kann auch die Sprüherstarrung von Schmelzen und Schmelzsuspensionen (Sprüheinbettung) sowie die Mikroverkapselung fester und flüssiger Produkte durch Versprühen von Suspensionen bzw. Emulsionen geeigneter Zusammensetzung Erwähnung finden, da hierfür im wesentlichen dieselben apparativen Einrichtungen wie bei der Sprühtrocknung eingesetzt werden.

6.4 Gefriertrocknung

Nicht nur an der Oberfläche flüssigen Wassers, sondern auch über Eis herrscht, wie die Dampfdruckkurve Abbildung 1 zeigt, ein temperaturabhängiger Wasserdampfdruck. Liegt bei Temperaturen unter dem Gefrierpunkt der Wasserdampfdruck unter dem Sättigungsdampfdruck, so geht Eis vom festen unmittelbar in den gasförmigen Zustand über. Diesen wie auch den umgekehrten Übergang, nämlich die Kondensation des Wasserdampfes an kalten Flächen in Form von Eis, bezeichnet man als Sublimation.

Die Entfernung von Wasser aus dem Trockengut durch Sublimation liegt der Gefriertrocknung (Lyophilisation, Sublimationstrocknung),

dem schonendsten Trocknungsverfahren, zugrunde. Der Einsatzbereich der Gefriertrocknung liegt dort, wo
- wasserhaltiges Material nur kurzfristig bei Raumtemperatur haltbar ist,
- ständige Lagerung und Transport im gekühltem oder gefrorenen Zustand nicht in Frage kommt und
- bei einer Wämetrocknung wesentliche Eigenschaften des Materials zerstört werden.

So wird in Pharmazie, Biochemie und Medizin die Gefriertrocknung eingesetzt, um leicht verderbliche Materialien – auch Roh- und Zwischenprodukte – in einen lagerfähigen Zustand zu überführen:

Organe
Extrakte
Blut und Blutfraktionen
Seren, Impfstoffe

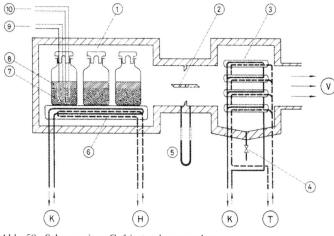

Abb. 59. Schema einer Gefriertrocknungsanlage

1 Produktraum	9 Thermoelement
2 Absperrklappe	10 Leitfähigkeitsfühler
3 Kondensator	
4 Ablaß für Tauwasser	H Elektrische Beheizung der
5 Differenzdruckmanometer	Stellflächen
6 kühl- und heizbare	K Kühlkreislauf
Stellfläche für Trockengut	T Heizsystem zum Abtauen des
7 Lyophilisat	Kondensators
8 Gefrorenes Gut	V zur Vakuumpumpe

labile natürliche und synthetische Wirkstoffe wie z. B.

Antibiotica

Peptidhormone

Vitamine.

Für die Gefriertrocknung von Lösungen ist von Bedeutung, daß der Prozeß so gesteuert werden kann, daß die festen Lösungsbestandteile in einer besonders rasch wiederauflöslichen – lyophilen – Form erhalten werden, die man im Lebensmittelsektor als ‚Instant'-Form bezeichnet.

Die Durchführung der Gefriertrocknung erfolgt in drei Schritten:

1. Einfrieren
2. Primärtrocknung (Haupttrocknung): eigentliche Gefriertrocknung, Sublimation bei tiefer Temperatur
3. Sekundärtrocknung: Nachtrocknung bei höherer Temperatur.

Den prinzipiellen Aufbau einer Apparatur zur Gefriertrocknung zeigt Abbildung 59. Die hochvakuumdichte Anlage besteht aus einer Kammer zur Aufnahme des Guts, das auf kühl- und heizbaren Stellflächen ruht. In einer weiteren Kammer, verbunden mit dem Produktraum durch eine kurze, weite, mit einer Klappe verschließbare Verbindung, befindet sich der Kondensator. Es gibt auch Ausführungen, bei denen sich Produkt und Kondensator in einem gemeinsamen Raum befinden. Vakuumpumpen und Kältemaschinen schaffen die zur Gefriertrocknung erforderlichen Bedingungen.

1. Einfrieren

Bevor die eigentliche Gefriertrocknung beginnen kann, muß das Trockengut eingefroren werden: frei bewegliches Wasser wird in ortsfestes Eis verwandelt. Bei welcher Temperatur und wie schnell das Gut eingefroren wird, hat entscheidende Folgen für die Qualität des Produkts. Tiefe Einfriertemperaturen ergeben feinkristalline Eisphasen, während große Eiskristalle bei Temperaturen wachsen, die wenig unter dem Gefrierpunkt liegen. Zwar ist grobkristallines Eis günstig für eine rasche Trocknung, weil dann das Trockengut infolge der grobporösen Struktur dem entweichenden Wasserdampf geringeren Widerstand entgegensetzt. In biologischem Material zerstört jedoch das Heranwachsen großer Eiskristalle die Feinstruktur der Zellen und zerreißt Membranen. Für jedes Trockengut müssen daher die besten Einfrierbedingungen experimentell aufgesucht werden.

Bedeutung des Eutektikums

Die Endtemperatur, die beim Einfrieren vor Beginn der Trocknung erreicht werden muß und während der Trocknung nicht überschritten werden darf, richtet sich ebenfalls nach der Art des Materials. Da im zu trocknenden Gut nicht reines Wasser, sondern wäßrige Phasen mit gefrierpunktserniedrigenden, gelösten Stoffen vorliegen, ist auch nicht das Gefrierverhalten von reinem Wasser, sondern dasjenige von Lösungen bestimmend. An einem einfachen Beispiel, einer wäßrigen, isotonischen Kochsalzlösung, sei der Einfriervorgang beim Abkühlen an Hand des Phasendiagramms Abbildung 60 a betrachtet.

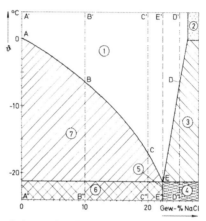

Abb. 60a. Ausschnitt aus dem Phasendiagramm des Systems $H_2O/NaCl$

1	Lösung	6	Eutektikum + Eis
2	Lösung + NaCl	7	Lösung + Eis
3	Lösung + NaCl · 2 H_2O	E	eutektischer Punkt
4	Eutektium + NaCl · 2 H_2O	ϑ_e	eutektische Temperatur
5	Eutektikum		

Die Anfangskonzentration beträgt 0,9 g Natriumchlorid in 100 ml Lösung. Wird die Lösung gekühlt, so beginnt bei $-0,56\,°C$ reines Eis zu kristallisieren. Damit gerät man in ein Gebiet des Phasendiagramms, wo zwei Phasen nebeneinander vorliegen: wäßrige Natriumchlorid-Lösung und festes Eis. Durch die Abscheidung von Eis verarmt die Lösung an Wasser, d.h. ihre Natriumchlorid-Konzentration nimmt zu. Wird die Temperatur weiter gesenkt, so kristallisiert mehr Eis. Die verbliebene Lösung wird damit noch konzentrierter. Im Phasendiagramm bedeutet dies, daß sich die Zusammensetzung der flüssigen Phase im Laufe der Abkühlung auf dem Kurvenast (Grenzlinie Lösung/Eis + Lösung) abwärts ändert. Sobald dabei eine Konzentration von 22,42 Gew.-% Natriumchlorid erreicht wird – das ist bei −21,20 °C der Fall –, kristallisiert die verbliebene flüssige Phase als ein feines Gemenge von Natriumchloriddihydrat und Eis. Damit enthält nun das System keine flüssigen Anteile mehr. Diese Temperatur wird als *eutektische Temperatur*, das Gemisch der Zusammensetzung 22,42 Gew.-% NaCl + 77,58 Gew.-% Wasser als *Eutektikum* bezeichnet.

Die hervorstehende Eigenschaft des Eutektikums ist es, bei einer bestimmten Temperatur (−21,20 °C) scharf und vollständig zu

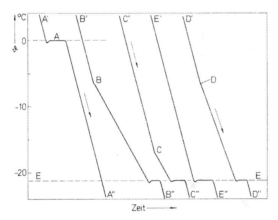

Abb. 60 b. Abkühlungskurven von Wasser (A′A″) und wäßrigen Natriumchloridlösungen verschiedener Konzentration (B′B″ bis E′E″). Temperaturverlauf in der Probe bei gleichbleibender Abkühlgeschwindigkeit.

schmelzen bzw. zu gefrieren. Im Natriumchlorid-Wasser-System kristallisiert aus konzentrierten Lösungen beim Abkühlen zunächst Natriumchloriddihydrat, aus verdünnten Lösungen Eis, bis schließlich die Konzentration des eutektischen Gemisches erreicht wird.

Kenntnis über die Lage der eutektischen Temperatur erhält man durch thermische Analyse des wasserhaltigen Produkts oder durch Messung der elektrischen Leitfähigkeit.

Thermische Analyse. Am Beispiel der isotonischen Kochsalzlösung wurden die Vorgänge beim Einfrieren einer Lösung beschrieben. Geschieht die Abkühlung mit konstanter Geschwindigkeit, dann läßt der Verlauf der Temperatur in der Probe Schlüsse auf die ablaufenden Vorgänge zu. Geht man von verschiedenen Lösungskonzentrationen aus, so erhält man verschiedene Abkühlungskurven A'A'' bis E'E'', wie es wiederum am System Natriumchlorid-Wasser in Abbildung 60 b gezeigt ist. Der Temperaturabfall in einer Probe der Lösung verläuft wegen der freiwerdenden Lösungswärme langsamer, solange aus der Lösung Eis oder Salz auskristallisiert. Wird aber die eutektische Temperatur erreicht, bei welcher die gesamte flüssige Phase kristallisiert, kommt der Temperaturabfall ganz zum Stillstand, bis der Kristallisationsvorgang beendet ist. Danach sinkt die Temperatur wieder. Dieser sogenannte *eutektische Halt* dauert umso länger, je näher die Zusammensetzung des Systems bei der des Eutektikums liegt und hat beim Eutektikum selbst seine maximale Dauer.

Leitfähigkeit. Die elektrische Leitfähigkeit nimmt während des Einfrierens ab und fällt sprungartig um mehrere Zehnerpotenzen, wenn die letzten flüssigen Anteile erstarren (vgl. Tab. 27). Da die Leitfähigkeitsmessung kontinuierlich erfolgen kann, ist sie zur laufenden Überwachung von Gefriertrocknungen geeignet.

Tab. 27.

Spezifische Leitfähigkeit von	$Ohm^{-1} \cdot cm^{-1}$
reinem Wasser (25°C)	$6.0 \cdot 10^{-8}$
0.9 % NaCl-Lösung (25°C)	$1.6 \cdot 10^{-2}$
Eis, CO_2-frei (-10°C)	$1.4 \cdot 10^{-9}$

2. Primärtrocknung (Haupttrocknung)

Um den Sublimationsvorgang zu beschleunigen (s. S. 88), wird die nun folgende Primär- oder Haupttrocknung im Vakuum durchgeführt. Aus dem Produkt sublimiert Eis an den auf wesentlich tiefer als das Produkt gekühlten Kondensator. Um den Vorgang aufrecht zu halten, muß dem Produkt die notwendige Sublimationswärme (2900 kJ/kg Eis) durch Kontaktheizung zugeführt werden. Das Produkt ruht auf elektrisch heizbaren Platten. Die Sublimationswärme wird beim Kondensieren am Kondensator wieder freigesetzt und durch die Kühlsole von dort abgeführt. Dabei darf die eutektische Temperatur nicht überschritten werden. Nur dann ist gewährleistet, daß das gesamte Wasser

174

restlos eingefroren bleibt. Überschreitet die Temperatur des Lyophilisats vor Beendigung der Primärtrocknung auch nur kurzfristig die eutektische Temperatur, so schmilzt das Eutektikum. Die Folge hiervon ist, daß die noch nicht trockene Lyophilisatmasse zusammensintert, womit die hohe spezifische Oberfläche und die durch sie bedingte rasche Wiederauflösbarkeit als erstrebte Eigenschaft des Trockenprodukts verlorengeht. Außerdem ist dann wegen des Verlustes der Porosität mit einer viel längeren Dauer der Sekundärtrocknung zu rechnen. Daher wird die Produkttemperatur mit elektrischen Meßfühlern (Widerstandsthermometer, Thermoelementen) überwacht, die in einer Trocknercharge an mehreren Stellen in das Produkt eingebracht sind; ähnlich kann auch die elektrische Leitfähigkeit während der Trocknung kontrolliert werden.

Das Ende der Primärtrocknung macht sich in einer Temperaturerhöhung des Produkts bemerkbar, die nun nicht mehr mit einer Leitfähigkeitserhöhung einhergeht, da kein schmelzbares Eis mehr vorhanden ist. Bei Gefriertrocknungsanlagen, bei denen, wie in Abbildung 59 schematisch dargestellt, Trocknungskammer und Kondensator getrennt sind, kann man außerdem auf Vollständigkeit der Primärtrocknung mit einer Differenzdruckmessung prüfen. Wird die vakuumdichte Klappe 2 geschlossen, so bleibt Druckgleichheit zwischen den beiden Kammern dann bestehen, wenn kein sublimierbares Eis mehr im Produkt enthalten ist. Im anderen Fall beginnt sich im Produktraum ein Wasserdampfdruck aufzubauen, der höher ist als der Druck im Kondensatorraum.

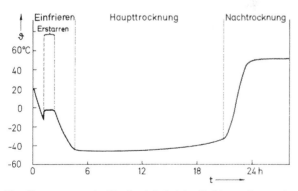

Abb. 61. Temperaturverlauf im Produkt bei der Gefriertrocknung einer Lösung

175

3. Sekundärtrocknung

In der anschließenden Sekundärtrocknung wird das Produkt vorsichtig über den Gefrierpunkt auf Temperaturen erwärmt, die dem trockenen Produkt kurzfristig zugemutet werden können. Dabei wird auch ein großer Teil gebundenen Wassers (adsorbiertes Wasser, Hydratwasser) entfernt und so der Restwassergehalt auf einen tiefen Wert gebracht, der mit der Haltbarkeit des Produkts während seiner Lagerung verträglich ist.

Abbildung 61 gibt den für die Gefriertrocknung einer Lösung typischen Temperaturverlauf im Trocknungsgut wieder. Beim Einfrieren unter Normaldruck erfolgt rasche Abkühlung und zunächst Unterkühlung der Lösung, bis mit einsetzender Kristallisation durch die freiwerdende Schmelzwärme trotz weiteren Wärmeentzugs die Temperatur sogar vorübergehend ansteigt und einige Zeit konstant bleibt (eutektischer Halt). Nach völligem Erstarren wird Vakuum angelegt und geheizt. Die gegen Ende der Haupttrocknung ansteigende Lyo-

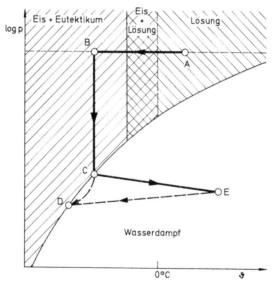

Abb. 62. Verlauf einer Gefriertrocknung im Phasendiagramm
A→B Einfrieren, B→C Evakuieren, C→D Sublimation, C→E Erwärmen zur Sekundärtrocknung, E→D Verdampfen und Kondensieren am Kondensator

philisat-Temperatur kann nun in der Nachtrocknung ohne Gefahr für das Produkt erhöht werden. In Abbildung 62 sind die Zustände bei den einzelnen Abschnitten der Gefriertrocknung in ein Druck-Temperaturdiagramm eingetragen.

Oft handelt es sich bei den Materialien, die gefriergetrocknet werden, um stark hygroskopische Stoffe. Daher müssen besondere Schutzmaßnahmen getroffen werden, damit das Lyophilisat bei der weiteren Verarbeitung (Abfüllen, Verschließen, Verpacken) nicht wieder unzulässige Mengen Luftfeuchtigkeit aufnimmt.

Weiterführende Literatur

Kröll, K., **Trockner und Trocknungsverfahren** (= Trocknungstechnik Bd. 2). Springer Verlag, Berlin, Heidelberg, New York 1978. 654 S.

Werther, J., **Strömungsmechanische Grundlagen der Wirbelschichttechnik.** Chem.-Ing.-Tech. **49** (1977), 193–202.

Poersch, W., **Anwendungsbereich und Zustände von Wirbelschichten zum Trocknen und Kühlen von Schüttgut.** Masch. Markt **81** (1975), 1480–1483.

Vaněček, V., Markvart, M., Drbohlav, R., **Fluidized Bed Drying.** Leonard Hill Books, London 1966. 195 S.

Nonhebel, G., Moss, A. A. H., **Drying of Solids in the Chemical Industry.** Butterworths & Co., Ltd., London 1971. 301 S.

Nürnberg, E., Graf, E., **Sprühverfahren in der Pharmazie.** Pharmazie i. u. Zeit **3** (1974), 1–9; 48–62.

Masters, K., **Spray Drying.** 2nd Edn. George Godwin Ltd., London; John Wiley & Sons, New York 1976. 684 S.

Seager, H., **Spray Coating Bulk Drugs Aids Dosage Form Production.** Manuf. Chemist and Aerosol News **48** (1977), 25–35.

Bartknecht, W., **Explosionen. Ablauf und Schutzmaßnahmen.** Springer Verlag, Berlin, Heidelberg, New York 1978. 270 S.

Külling, W., **Maßnahmen und Einrichtungen zur Sicherung von Wirbelschicht-Trocknern und -Sprühgranulatoren gegen Staub- und Lösungsmittelexplosionen.** Pharm. Ind. **39** (1977), 631–636; 831–834.

Mellor, J. D., **Fundamentals of Freeze Drying.** Academic Press, London, New York, San Francisco 1978. 386 S.

Fisher, R. R. (Editor), **Freeze Drying of Foods.** National Academy of Sciences – National Research Council, Washington, D. C. 1962.

DeLuca, P. P., **Freeze Drying of Pharmaceuticals.** J. Vac. Sci. Technol. **14** (1977), 620–629.

Anhang: Tabellen

Tab. I. Sättigungsdampfdruck über Wasser (p_o) und Eis ($p_{o,e}$) von $-20\,°C$ bis $100\,°C$.

Aus: American Institute of Physics Handbook, Ed.: D. E. Gray, 3rd Edition 1972, MacGraw–Hill Book Co., New York. Mit freundlicher Erlaubnis der MacGraw–Hill Book Company, New York

Temp. °C	$p_{o,e}$ mbar	$p_{o,e}$ mmHg	Temp. °C	$p_{o,e}$ mbar	$p_{o,e}$ mm Hg
-20	1.039	0.779	-10	2.607	1.956
-19	1.142	0.857	-9	2.847	2.136
-18	1.256	0.942	-8	3.107	2.331
-17	1.379	1.035	-7	3.389	2.542
-16	1.514	1.136	-6	3.694	2.771
-15	1.661	1.246	-5	4.023	3.018
-14	1.820	1.365	-4	4.379	3.285
-13	1.993	1.495	-3	4.763	3.573
-12	2.181	1.636	-2	5.178	3.884
-11	2.386	1.790	-1	5.625	4.220
-10	2.607	2.771	0	6.107	4.581

Dampfdruck über Eis (-20 bis $0\,°C$)

Temp. °C	mbar .0	.2	.4	.6	.8	mm Hg .0	.2	.4	.6	.8	Temp. °C
-15	1.914					1.436					-15
-14	2.078	2.044	2.011	1.978	1.946	1.558	1.533	1.508	1.484	1.459	-14
-13	2.254	2.218	2.182	2.147	2.112	1.691	1.663	1.637	1.610	1.584	-13
-12	2.443	2.404	2.366	2.328	2.291	1.833	1.803	1.775	1.746	1.718	-12
-11	2.647	2.605	2.564	2.523	2.483	1.995	1.954	1.923	1.893	1.862	-11
-10	2.865	2.820	2.776	2.732	2.689	2.149	2.115	2.082	2.049	2.017	-10
-9	3.099	3.051	3.003	2.957	2.911	2.324	2.288	2.253	2.218	2.183	-9
-8	3.350	3.298	3.248	3.197	3.148	2.513	2.474	2.436	2.398	2.361	-8
-7	3.619	3.564	3.509	3.455	3.402	2.715	2.673	2.632	2.592	2.552	-7
-6	3.907	3.848	3.790	3.732	3.675	2.931	2.886	2.842	2.799	2.757	-6
-5	4.216	4.152	4.090	4.028	3.967	3.162	3.114	3.067	3.021	2.976	-5
-4	4.545	4.478	4.411	4.345	4.280	3.409	3.359	3.308	3.259	3.210	-4
-3	4.898	4.826	4.754	4.684	4.614	3.674	3.620	3.566	3.513	3.461	-3
-2	5.275	5.198	5.121	5.046	4.972	3.957	3.899	3.841	3.785	3.729	-2
-1	5.677	5.595	5.513	5.433	5.353	4.258	4.196	4.135	4.075	4.015	-1
0	6.107	6.019	5.932	5.846	5.761	4.581	4.515	4.449	4.385	4.321	0

Dampfdruck über Wasser (-15 bis $0\,°C$)

Temp.	mbar					mm Hg					Temp.
°C	.0	.2	.4	.6	.8	.0	.2	.4	.6	.8	°C
0	6.107	6.196	6.287	6.379	6.472	4.581	4.648	4.716	4.785	4.854	0
1	6.566	6.661	6.758	6.856	6.955	4.925	4.996	5.069	5.142	5.217	1
2	7.055	7.157	7.260	7.364	7.469	5.292	5.368	5.445	5.523	5.602	2
3	7.576	5.684	7.794	7.905	8.017	5.683	5.764	5.846	5.929	6.013	3
4	8.131	8.246	8.363	8.481	8.600	6.099	6.185	6.273	6.361	6.451	4
5	8.721	8.844	8.968	9.093	9.220	6.542	6.633	6.726	6.821	6.916	5
6	9.349	9.479	9.611	9.745	9.880	7.012	7.110	7.209	7.309	7.410	6
7	10.016	10.155	10.295	10.437	10.580	7.513	7.617	7.722	7.828	7.936	7
8	10.725	10.872	11.021	11.172	11.324	8.045	8.155	8.267	8.379	8.494	8
9	11.478	11.634	11.792	11.952	12.113	8.609	8.726	8.845	8.965	9.086	9
10	12.277	12.442	12.610	12.779	12.951	9.209	9.333	9.458	9.585	9.714	10
11	13.124	13.300	13.477	13.657	13.838	9.844	9.976	10.109	10.243	10.380	11
12	14.022	14.208	14.396	14.587	14.779	10.518	10.657	10.798	10.941	11.085	12
13	14.974	15.171	15.370	15.572	15.776	11.231	11.379	11.529	11.680	11.833	13
14	15.982	16.191	16.402	16.615	16.831	11.988	12.144	12.302	12.462	12.624	14
15	17.049	17.270	17.493	17.719	17.947	12.788	12.954	13.121	13.290	13.462	15
16	18.178	18.412	18.648	18.887	19.128	13.635	13.810	13.987	14.166	14.347	16
17	19.373	19.620	19.869	20.122	20.377	14.531	14.716	14.903	15.093	15.284	17
18	20.635	20.896	21.160	21.427	21.696	15.478	15.673	15.871	16.071	16.274	18
19	21.969	22.245	22.523	22.805	23.090	16.478	16.685	16.894	17.105	17.319	19
20	23.378	23.669	23.963	24.261	24.562	17.535	17.753	17.974	18.197	18.423	20
21	24.866	25.173	25.483	25.797	26.115	18.651	18.881	19.114	19.350	19.588	21
22	26.435	26.759	27.087	27.418	27.753	19.828	20.071	20.317	20.565	20.816	22
23	28.091	28.433	28.778	29.127	29.480	21.070	21.326	21.585	21.847	22.112	23
24	29.836	30.197	30.561	30.928	31.300	22.379	22.649	22.922	23.198	23.477	24
25	31.676	32.055	32.439	32.826	33.217	23.759	24.043	24.331	24.621	24.915	25
26	33.613	34.013	34.416	34.824	35.236	25.212	25.512	25.814	26.120	26.429	26
27	35.653	36.073	36.498	36.928	37.361	26.742	27.057	27.376	27.698	28.023	27
28	37.800	38.242	38.689	39.141	39.597	28.352	28.684	29.019	29.358	29.700	28
29	40.058	40.524	40.994	41.469	41.948	30.046	30.395	30.748	31.104	31.464	29
30	42.433	42.922	43.417	43.916	44.421	31.827	32.195	32.565	32.940	33.318	30
31	44.930	45.444	45.964	46.488	47.018	33.700	34.086	34.476	34.869	35.267	31
32	47.553	48.094	48.639	49.190	49.747	35.668	36.073	36.483	36.896	37.313	32
33	50.309	50.876	51.449	52.028	52.612	37.735	38.160	38.590	39.024	39.462	33
34	53.201	53.797	54.398	55.005	55.618	39.904	40.351	40.802	41.257	41.717	34
35	56.237	56.862	57.493	58.130	58.773	42.181	42.650	43.123	43.601	44.083	35
36	59.422	60.077	60.739	61.407	62.081	44.570	45.062	45.558	46.059	46.565	36
37	62.762	63.449	64.143	64.843	65.549	47.075	47.591	48.111	48.636	49.166	37
38	66.263	66.983	67.710	68.443	69.184	49.701	50.241	50.786	51.337	51.892	38
39	69.931	70.686	71.447	72.216	72.991	52.453	53.019	53.590	54.166	54.748	39
40	73.774	74.564	75.362	76.166	76.979	55.335	55.928	56.526	57.130	57.739	40
41	77.798	78.626	79.460	80.303	81.153	58.354	58.974	59.600	60.232	60.870	41
42	82.011	82.876	83.750	84.631	85.521	61.513	62.162	62.818	63.479	64.146	42
43	86.418	87.324	88.237	89.159	90.090	64.819	65.498	66.184	66.875	67.573	43
44	91.028	91.975	92.931	93.894	94.867	68.277	68.987	69.704	70.427	71.156	44
45	95.848	96.838	97.837	98.844	99.861	71.892	72.635	73.384	74.139	74.902	45
46	100.886	101.921	102.964	104.017	105.079	75.671	76.447	77.230	78.019	78.816	46
47	106.150	107.231	108.321	109.421	110.530	79.619	80.430	81.248	82.072	82.904	47
48	111.649	112.777	113.916	115.064	116.222	83.744	84.590	85.444	86.305	87.174	48
49	117.390	118.568	119.757	120.955	122.164	88.050	88.934	89.825	90.724	91.630	49
50	123.38	124.61	125.85	127.10	128.37	92.545	93.467	94.398	95.336	96.282	50

Dampfdruck über Wasser (0° bis 50°C)

Temp. °C	mbar					mm Hg					Temp. °C
	.0	.2	.4	.6	.8	.0	.2	.4	.6	.8	
51	129.64	130.92	132.21	133.52	134.83	97.236	98.198	99.169	100.147	101.134	51
52	136.16	137.50	138.85	140.21	141.58	102.129	103.133	104.145	105.166	106.195	52
53	142.96	144.36	145.77	147.18	148.61	107.232	108.278	109.333	110.397	111.470	53
54	150.06	151.51	152.98	154.45	155.94	112.551	113.642	114.741	115.850	116.967	54
55	157.45	158.96	160.49	162.03	163.58	118.09	119.23	120.38	121.53	122.70	55
56	165.15	166.72	168.31	169.92	171.53	123.87	125.05	126.25	127.45	128.66	56
57	173.16	174.81	176.46	178.13	179.81	129.88	131.12	132.36	133.61	134.87	57
58	181.51	183.22	184.94	186.68	188.43	136.14	137.43	138.72	140.02	141.34	58
59	190.20	191.98	193.77	195.58	197.40	142.66	144.00	145.34	146.70	148.06	59
60	199.24	201.09	202.96	204.84	206.73	149.44	150.83	152.23	153.64	155.06	60
61	208.64	210.57	212.51	214.47	216.44	156.50	157.94	159.40	160.86	162.34	61
62	218.42	220.43	222.44	224.48	226.53	163.83	165.33	166.85	168.37	169.91	62
63	228.59	230.67	232.77	234.88	237.01	171.46	173.02	174.59	176.18	177.77	63
64	239.16	241.32	243.50	245.69	247.91	179.38	181.00	182.64	184.29	185.94	64
65	250.13	252.38	254.64	256.92	259.22	187.62	189.30	191.00	192.71	194.43	65
66	261.54	263.87	266.22	268.59	270.97	196.17	197.92	199.68	201.46	203.25	66
67	273.38	275.80	278.24	280.70	283.17	205.05	206.87	208.70	210.54	212.40	67
68	285.67	288.18	290.71	293.27	295.84	214.27	216.15	218.05	219.27	221.90	68
69	298.43	301.03	303.66	306.31	308.97	223.84	225.79	227.76	229.75	231.75	69
70	311.66	314.37	317.09	319.84	322.60	233.76	235.79	237.84	239.90	241.97	70
71	325.39	328.20	331.02	333.87	336.74	244.06	246.17	248.29	250.42	252.57	71
72	339.63	342.54	345.47	348.42	351.39	254.74	256.92	259.12	261.34	263.57	72
73	354.39	357.40	360.44	363.50	366.58	265.81	268.07	270.35	272.65	254.96	73
74	369.68	372.81	375.96	379.13	382.32	277.29	279.63	281.99	284.37	286.76	74
75	385.53	388.77	392.03	395.32	398.62	289.17	291.60	294.05	296.51	298.99	75
76	401.95	405.31	408.68	412.08	415.51	301.49	304.00	306.54	309.09	311.66	76
77	418.96	422.43	425.92	429.45	432.99	314.24	316.85	319.47	322.11	324.77	77
78	436.56	440.15	443.77	447.42	451.09	327.45	330.14	332.86	335.59	338.34	78
79	454.78	458.50	462.25	466.02	469.82	341.12	343.91	346.71	349.54	352.39	79
80	473.64	477.49	481.37	485.27	489.20	355.26	358.15	361.05	363.98	366.93	80
81	493.15	497.13	501.14	505.18	509.24	369.89	372.88	375.89	378.92	381.96	81
82	513.33	517.45	521.60	525.77	529.97	385.03	388.12	391.23	394.36	397.51	82
83	534.20	538.46	542.75	547.06	551.40	400.68	403.88	407.09	410.33	413.59	83
84	555.78	560.18	564.61	569.07	573.56	416.87	420.17	423.49	426.84	430.20	84
85	578.08	582.62	587.20	591.81	596.45	433.79	437.00	440.44	443.89	447.37	85
86	601.12	605.82	610.55	615.31	620.10	450.88	454.40	457.95	461.52	465.11	86
87	624.92	629.78	634.67	639.58	644.53	468.73	472.37	476.04	479.73	483.44	87
88	649.51	654.53	659.57	664.65	669.76	487.18	490.94	494.72	498.53	502.36	88
89	674.91	680.08	685.29	690.53	695.81	506.22	510.10	514.01	517.94	521.90	89
90	701.12	706.46	711.84	717.25	722.70	525.88	529.89	533.93	537.98	542.07	90
91	728.18	733.69	739.24	744.83	750.45	546.18	550.32	554.48	558.67	562.88	91
92	756.10	761.79	767.52	773.28	779.08	567.12	571.39	575.69	580.01	584.36	92
93	784.91	790.78	796.69	802.63	808.61	588.73	593.14	597.57	602.02	606.51	93
94	814.63	820.68	826.78	832.90	839.07	611.02	615.56	620.13	624.73	629.36	94
95	845.28	851.52	857.80	864.12	870.48	634.01	638.69	643.40	648.14	652.91	95
96	876.87	883.31	889.79	896.30	902.85	657.71	662.54	667.39	672.28	677.20 *	96
97	909.45	916.08	922.76	929.47	936.22	682.14	687.12	692.12	697.16	702.23	97
98	943.02	949.86	956.73	963.65	970.61	707.32	712.45	717.61	722.80	728.02	98
99	977.61	984.66	991.74	998.87	1006.04	733.27	738.55	743.87	749.21	754.79	99
100	1013.25					760.00					100

Dampfdruck über Wasser (51 bis 100 °C)

Tab. II. Umwandlung von Angaben des Wassergehalts bezogen auf Trockenmasse (w_t) in Wassergehalt bezogen auf wasserhaltiges Material
(Trocknungsverlust; w_f) und umgekehrt

A. Umwandlung von w_t in w_f

w_t	.0	.1	.2	.3	.4	.5	.6	.7	.8	.9	
0	0.00	0.10	0.20	0.30	0.40	0.50	0.60	0.70	0.79	0.89	0
1	0.99	1.09	1.19	1.28	1.38	1.48	1.57	1.67	1.77	1.86	1
2	1.96	2.06	2.15	2.25	2.34	2.44	2.53	2.63	2.72	2.82	2
3	2.91	3.01	3.10	3.19	3.29	3.38	3.47	3.57	3.66	3.75	3
4	3.85	3.94	4.03	4.12	4.21	4.31	4.40	4.49	4.58	4.67	4
5	4.76	4.85	4.94	5.03	5.12	5.21	5.30	5.39	5.48	5.57	5
6	5.66	5.75	5.84	5.93	6.02	6.10	6.19	6.28	6.37	6.45	6
7	6.54	6.63	6.72	6.80	6.89	6.98	7.06	7.15	7.24	7.32	7
8	7.41	7.49	7.58	7.66	7.75	7.83	7.92	8.00	8.09	8.17	8
9	8.26	8.34	8.42	8.51	8.59	8.68	8.76	8.84	8.93	9.01	9
10	9.09	9.17	9.26	9.34	9.42	9.50	9.58	9.67	9.75	9.83	10
11	9.91	9.99	10.07	10.15	10.23	10.31	10.39	10.47	10.55	10.63	11
12	10.71	10.79	10.87	10.95	11.03	11.11	11.19	11.27	11.35	11.43	12
13	11.50	11.58	11.66	11.74	11.82	11.89	11.97	12.05	12.13	12.20	13
14	12.28	12.36	12.43	12.51	12.59	12.66	12.74	12.82	12.89	12.97	14
15	13.04	13.12	13.19	13.27	13.34	13.42	13.49	13.57	13.64	13.72	15
16	13.79	13.87	13.94	14.02	14.09	14.16	14.24	14.31	14.38	14.46	16
17	14.53	14.60	14.68	14.75	14.82	14.89	14.97	15.04	15.11	15.18	17
18	15.25	15.33	15.40	15.47	15.54	15.61	15.68	15.75	15.82	15.90	18
19	15.97	16.04	16.11	16.18	16.25	16.32	16.39	16.46	16.53	16.60	19
20	16.67	16.74	16.81	16.87	16.94	17.01	17.08	17.15	17.22	17.29	20
21	17.36	17.42	17.49	17.56	17.63	17.70	17.76	17.83	17.90	17.97	21
22	18.03	18.10	18.17	18.23	18.30	18.37	18.43	18.50	18.57	18.63	22
23	18.70	18.77	18.83	18.90	18.96	19.03	19.09	19.16	19.22	19.29	23
24	19.35	19.42	19.48	19.55	19.61	19.68	19.74	19.81	19.87	19.94	24
25	20.00	20.06	20.13	20.19	20.26	20.32	20.38	20.45	20.51	20.57	25
	.0	.1	.2	.3	.4	.5	.6	.7	.8	.9	

B. Umwandlung von w_f in w_t

w_f	.0	.1	.2	.3	.4	.5	.6	.7	.8	.9	
0	0.00	0.10	0.20	0.30	0.40	0.50	0.60	0.70	0.81	0.91	0
1	1.01	1.11	1.21	1.32	1.42	1.52	1.63	1.73	1.83	1.94	1
2	2.04	2.15	2.25	2.35	2.46	2.56	2.67	2.77	2.88	2.99	2
3	3.09	3.20	3.31	3.41	3.52	3.63	3.73	3.84	3.95	4.06	3
4	4.17	4.28	4.38	4.49	4.60	4.71	4.82	4.93	5.04	5.15	4
5	5.26	5.37	5.49	5.60	5.71	5.82	5.93	6.04	6.16	6.27	5
6	6.38	6.50	6.61	6.72	6.84	6.95	7.07	7.18	7.30	7.41	6
7	7.53	7.64	7.76	7.87	7.99	8.11	8.23	8.34	8.46	8.58	7
8	8.70	8.81	8.93	9.05	9.17	9.29	9.41	9.53	9.65	9.77	8
9	9.89	10.01	10.13	10.25	10.38	10.50	10.62	10.74	10.86	10.99	9
10	11.11	11.23	11.36	11.48	11.61	11.73	11.86	11.98	12.11	12.23	10
11	12.36	12.49	12.61	12.74	12.87	12.99	13.12	13.25	13.38	13.51	11
12	13.64	13.77	13.90	14.03	14.16	14.29	14.42	14.55	14.68	14.81	12
13	14.94	15.07	15.21	15.34	15.47	15.61	15.74	15.87	16.01	16.14	13
14	16.28	16.41	16.55	16.69	16.82	16.96	17.10	17.23	17.37	17.51	14
15	17.65	17.79	17.92	18.06	18.20	18.34	18.48	18.62	18.76	18.91	15
16	19.05	19.19	19.33	19.47	19.62	19.76	19.90	20.05	20.19	20.34	16
17	20.48	20.63	20.77	20.92	21.07	21.21	21.36	21.51	21.65	21.80	17
18	21.95	22.10	22.25	22.40	22.55	22.70	22.85	23.00	23.15	23.30	18
19	23.46	23.61	23.76	23.92	24.07	24.22	24.38	24.53	24.69	24.84	19
20	25.00	25.16	25.31	25.47	25.63	25.79	25.94	26.10	26.26	26.42	20
	.0	.1	.2	.3	.4	.5	.6	.7	.8	.9	

Quellen zu Tabelle III ▶

1 C. Arai, S. Hosaka, K. Murase, Y. Sano, J.Chem.Eng.Japan *9* (1976), 328

2 D. S. Carr, D. L. Harris, Ind.Eng.Chem. *41* (1949), 2014

3 zit. bei A. A. Hofer, Zur Aufnahmetechnik von Sorptionsisothermen und ihre Anwendung in der Lebensmittel-Industrie, Dissertation Basel 1962, Tab. 5, S. 42

4 ibid., Tab. 6, S. 42

5 ibid., Tab. 7, S. 43

6 T. Inamatsu, Keiryo Kenkyu-sho Hokuku *24* (1975), 164

7 zit. ibid.

8 A. W. Lykow, Experimentelle und theoretische Grundlagen der Trocknung, VEB Verlag Technik, Berlin 1955, S. 80

9 G. M. Richardson, R. S. Malthus, J.Appl.Chem. (London) *5* (1955), 557

10 R. H. Stokes, R. A. Robinson, Ind.Eng.Chem. *41* (1949), 2013

11 A. Wexler, S. Hasegawa, Natl. Bureau of Standards Res.Paper 2512 (1954), J.Res.Natl.Bur.Stand. *53* (1954), 19

Tab. III. Relative Feuchtigkeit über gesättigten Elektrolytlösungen bei verschiedenen Temperaturen

Elektrolyt	Temperatur °C																Quelle
	0	5	10	15	20	25	30	35	40	45	50	55	60	70	80	90	
NaOH *)			5.5		7.0	6.9	6.8		6.5		5.8						1, 5, 10
LiBr			7.8		7.2	6.7	6.3		5.2		5.0						1
KOH *)			11		8	8	8		8		8		8				5
ZnCl$_2$ · 1,5 H$_2$O			10		10	10	10		10		10		10				5
LiCl · H$_2$O	14.5 b	14.0 a	13.0 a	12.4 a	11.9 c	11.6 c	11.5 c	11.4	11.3 c	11.3	11.2 b						1, 6, 11
CH$_3$COOK · 1,5 H$_2$O		25	24.5 a	24	23.2 b	22.4 c	21.6 c	21.0	19.7		19.5						1, 4
CaCl$_2$ · 6 H$_2$O		39.8	38	35 (18*)	32	28.8	29		26		22		20				5, 8
MgCl$_2$ · 6 H$_2$O	34.6 c	34.2 c	33.8 c	33.5 c	33.1 c	32.8 c	32.4 c	32.1 c	31.7 c	31.3 c	31.0 c	30.6 c	30.3 c				1, 6, 11
NaSCN						35.5											9
NaJ						38.4											4
K$_2$CO$_3$ · 1,5 H$_2$O **)			44.5	44.3 c	44.1 c	44.0 d	43.8 c	43.6 b	43.4 c	43.1 b	42.8 d	42	41.5	41			1, 4, 5
KSCN						46.6											9
Mg(NO$_3$)$_2$ · 6 H$_2$O	60.6 b	59.2 b	57.8 b	56.3 c	54.9 c	53.4 c	52.9 d	50.6	49.2	47.7	46.3						6, 11
Na$_2$Cr$_2$O$_7$ · 2 H$_2$O	60.5 b	59.1 b	57.7 b	56.3	55.0 c	53.6 b	52.2 c	50.8	49.5 c	48.1	46.7 c						1, 11
Ca(NO$_3$)$_2$ · 4H$_2$O			59		56	50.0	51		46		40		38				5, 10
NaBr · 2 H$_2$O			62.5		59.3 e	57.8 b	56.2 b	54.6	53.0 d		49.6 b		49.9	50.7	50.9		1, 2, 10
NaNO$_2$		67.4 d			65.4 d	64.3	63.2 b		61.2 c		59.2 d		59.3	58.9			1, 2, 5
NH$_4$NO$_3$			69		66 d	62	60				52		52				5, 10
Na$_2$CrO$_4$					67.3	66.0	64.6	63.2	61.8		58.8		55.2	54.7	56.2	57.6	2, 4
KJ			78		70				66.8		65.0		63.1	61.7	60.8	60.4	2, 7
NaNO$_3$					75 f	73.8	73 b	72			68.7		67.5	65.5	65.5	65.0	5, 7, 10
NaCl	75.6 b	75.6 c	75.7 c	75.6 c	75.6 b	75.5 c	75.4 c	75.1	75.0 c	74.9	74.8 b		74.9	75.1	76.4		1, 2, 6, 11
(NH$_4$)$_2$SO$_4$ · 10 H$_2$O					80.6 a	80.3	80.0 a										10, 11
KBr	83.7	82.6	81.7		82	80.7		79.8	79.6		79.3		79.1	79.1			2, 7, 10
KCl	88.2	87.5	86.7	85.8 c	85.1 c	84.3 b	83.5 b	83.0	82.1 c		80.7 c		79.0	79.2	79.3		1, 2, 3, 5, 6
BaCl$_2$ · 2 H$_2$O					90.2												10
KNO$_3$	97.5 b	96.5 a	95.5 a	94.4 b	93.3 b	92.3 b	91.2 d	89.3	87.9	86.5	85.0						6, 11
K$_2$SO$_4$	99.0 b	98.5 b	98.1 b	97.8 b	97.5 c	97.2 c	97.0 c	96.7	96.6 c	96.4 c	96.2 c						1, 11
H$_2$O	100.0	100.0	100.0	100.0	100.0	100.0	100.0	100.0	100.0	100.0	100.0	100.0	100.0	100.0	100.0	100.0	

Bei Vorliegen mehrerer Angaben für einen Elektrolyten aus gleichwertig zuverlässig erscheinenden Quellen wurden ausgeglichene Werte ermittelt und der Streubereich der Originalwerte um den Tabellenwert durch Kleinbuchstaben gekennzeichnet: a = gleichlautend; Unterschiede b = bis ± 0.2 % r.F., c = ± 0.3 bis 0.5 % r.F., d = ± 0.6 bis 1.0 % r.F., e = ± 1.1 bis 2.0 % r.F., f = mehr als ± 2.0 % r.F. (Quellenangaben siehe nächste Seite) — *) Veränderung durch CO_2 der Luft ! – **) Veränderungen durch höhere CO_2-Konzentration in der Luft !

Literaturverzeichnis

1. *S. Gál*, Helv. Chim. Acta **55** (1972), 1752.
2. *W. Lück*, Archiv f. techn. Messen Blatt V 1281-F2 (März 1972), 45–48.
3. *W. J. Scott*, Austral. J. Biol. Sci. **6** (1953), 549.
4. *W. J. Scott*, Adv. Food. Research **7** (1957), 83–127.
5. Tables of Temperature, Relative Humidity and Precipitation for the World, Part III. Ed.: Air Ministry, Meteorological Office, Her Majesty's Stationery Office, London, 1958, reprinted 1961.
6. Gmelins Handbuch der Anorganischen Chemie, 8. Aufl., Hsg. Gmelin-Institut; Natrium (System-Nr. 21) Hauptband Seite 899 (1928), Erg.-Band Lfg. 4 (1967), Seite 1586.
7. Landolt – Börnstein, Zahlenwerte und Funktionen aus Physik, Chemie, Astronomie, Geophysik und Technik, 6. Aufl., Hsg. *J. Bartels, H. Borchers, K. H. Hellwege, Kl. Schäfer, E. Schmidt*, Springer-Verlag Berlin, Göttingen, Heidelberg, 1962, Band II/2b, Seite 3–35.
8. *E. F. Mellon*, J. Amer. Chem. Soc. **70** (1948), 3040–3044.
9a. *F. Stitt*, in: Fundamental Aspects of the Dehydration of Foodstuffs, Society of Chemical Industry, London, 1958, Seite 70.
9b. *R. Hüttenrauch*, Pharmazie **32** (1977), 240–241.
10. *A. Otsuka, T. Wakimoto, A. Takeda*, Chem. Pharm. Bull. (Tokyo) **26** (1978), 967–971.
11. *W. A. Strickland jr.*, J. Pharm. Sci. **51** (1962), 310–314.
12. eigene Beobachtung, unveröffentlicht.
13. *J. Trivedi, J. W. Shell, J. A. Biles*, J. Amer. Pharm. Assoc. Sci. Ed. **48** (1959), 583.
14. *K. Tempelhoff*, Z. Phys. Chem. (Leipzig) **257** (1976), 49–62.
15. *B. W. Müller*, Pharm. Ind. **38** (1976), 394; **39** (1977), 161.
16. *A. Otsuka, T. Wakimoto, A. Takeda*, Yakugaku Zasshi **96** (1976), 351–355; C. A. **84**, (1976), 184844 s.
17. *Y. Nakai, E. Fukuoka, S. Nakajima, J. Hasegawa*, Chem. Pharm. Bull. **25** (1977), 96–101.
18. *G. Schepky*, Pharm. Ind. **36** (1974), 327; Acta Pharm. Technol. **21** (1975), 267.
19. *H. Seager, J. Burt, H. Fisher*, J. Pharm. Pharmacol. **28 S** (1976), 62 P.
20. *H. G. Fitzky*, GIT Fachzeitschr. f. d. Laboratorium **1974**, 869–880; 994–1000; **1977**, 1062–1070.
21. *P. H. Stahl*, Pharm. Ind. **38** (1976), 566–571.
22. a) *P. L. Seth, K. Münzel*, Pharm. Ind. **21** (1959), 9–12.
    b) *Th. Langauer, K. Steiger-Trippi*, Sci. Pharmaceutica **32** (1964), 162–169.
    c) *E. T. Cole, P. H. Elworthy, H. Sucker*, J. Pharm. Pharmacol. **27** (1975), 1 P.
    d) *S. Esezobo, N. Pilpel*, J. Pharm. Pharmacol. **28** (1976), 8–16.
    e) eigene Versuche, unveröffentlicht.

23. *G. K. Bolhuis, C. F. Lerk, J. W. Soer,* Pharmaceutisch Weekblad **108** (1973), 337–340.
24. a) *E. Shotton, J. E. Rees,* J. Pharm. Pharmacol. **18** S (1966), 160 S–167 S.
    b) *J. E. Rees, J. A. Hershey,* Pharm. Acta Helv. **47** (1972), 235.
25. *L. J. Leeson, A. M. Mattocks,* J. Amer. Pharm. Assoc. **47** (1958), 329.
26. *T. Aoyama, T. Maeda, M. Horioka,* Chem. Pharm. Bull. (Tokyo) **25** (1977), 3376–3380.
27. *S. S. Kornblum, B. J. Sciarrone,* J. Pharm. Sci. **53** (1964), 935–941.
28. *V. I. Gorodnitschew, V. I. Egorowa, G. N. Borisow,* Chimico-Pharmatsewtitscheskij J. (Moskau) **7** (1973), 38–42.
29. *R. Hüttenrauch, J. Jakob,* Pharmazie **26** (1971), 293–299.
30. a) *P. Couvreur, J. Gillard, H. G. Van den Schrieck, M. Roland,* J. Pharm. Belg. **29** (1974), 399–414.
    b) *S. Erdös, A. Bezegh,* Pharm. Ind. **39** (1977), 1130–1135.
    c) *Y. Nakai, S. Nakajima, E. Fukuoka,* Yakugaku Zasshi **97** (1977), 1058–1063.
    d) *P. H. List, U. A. Muazzam,* Pharm. Ind. **41** (1979), 459–464; 1075–1077
31. *W. A. Strickland, M. Moss,* J. Pharm. Sci. **51** (1962), 1002–1005.
32. *S. S. Sangekar, M. Sarli, P. R. Sheth,* J. Pharm. Sci. **61** (1972), 939–944.
33. *G. Schepky,* Acta Pharm. Technol. **22** (1975), 267–276.
34. *J. Cooper, C. J. Swartz, W. Suydam jr.,* J. Pharm. Sci. **50** (1961), 67–75.
35. a) *G. Schepky,* Pharm. Ind. **34** (1972), 752–756.
    b) *D. N. Travers, R. J. Meredith,* Manuf. Chemist and Aerosol News **46** (1975), 37 + 40.
36. *B. R. Bhutani, V. N. Bhatia,* J. Pharm. Sci. **64** (1975), 135–139.
37. *E. U. Schlünder,* Chem. Ing. Techn. **48** (1976), 190–198.
38. *R. Cilento, R. A. Hill,* 113th A. Ph. A. Annual Meeting, Dallas/Texas 1966, p. 71–84.
39. *L. Erhard,* Acta Pharm. Technol. (APV Informationsdienst) **22** (1976), 217.

Sachverzeichnis

UTB

Uni-Taschenbücher wissenschaftliche Taschenbücher für alle Fachbereiche.
Das UTB-Gesamtverzeichnis erhalten Sie bei Ihrem Buchhändler oder direkt bei
UTB, Am Wallgraben 129,
Postfach 80 11 24, 7000 Stuttgart 80

UTB

Fachbereich Medizin

11 Rohen: Anleitung zur
Differentialdiagnostik histologischer
Präparate
(Schattauer). 3. Aufl. 77. DM 10,80

12 Soyka: Kurzlehrbuch der
klinischen Neurologie
(Schattauer). 3. Aufl. 75. DM 18,80

39 Englhardt: Klinische Chemie und
Laboratoriumsdiagnostik
(Schattauer). 1974. DM 19,80

138 Brandis (Hrsg.): Einführung in
die Immunologie
(Gustav Fischer) 2. Aufl. 1975.
DM 14,80

249 Krüger: Der anatomische
Wortschatz
(Steinkopff). 13. Aufl. 79. Ca.
DM 8,80

306/307 Holtmeier (Hrsg.):
Taschenbuch der Pathophysiologie
(Gustav Fischer). 1974. Je DM 23,80

341 Lang: Wasser, Mineralstoffe,
Spurenelemente
(Steinkopff). 1974. DM 14,80

406 Hennig, Woller:
Nuklearmedizin
(Steinkopff). 1974. DM 14,80

420 Thomas, Sandritter: Spezielle
Pathologie
(Schattauer). 1975. DM 19,80

502/503 Rotter (Hrsg.): Lehrbuch
der Pathologie für den ersten
Abschnitt der ärztlichen Prüfung 1/2
(Schattauer). 2. Aufl. 78. Bd. 1
DM 17,80, Bd. 2 DM 19,80

507 Bässler, Lang: Vitamine
(Steinkopff). 1975. DM 14,80

530 Roeßler, Viefhues: Medizinische
Soziologie
(Gustav Fischer). 1978. DM 14,80

531 Prokop: Einführung in die
Sportmedizin
(Gustav Fischer). 2. Aufl. 79.
DM 12,80

552 Gross, Schölmerich (Hrsg.):
1000 Merksätze Innere Medizin
(Schattauer). 2. Aufl. 79. DM 14,80

616 Fischbach: Störungen des
Kohlenhydratstoffwechsels
(Steinkopff). 1977. DM 15,80

629 Schumacher: Topographische
Anatomie des Menschen
(Gustav Fischer). 1976. DM 19,80

678 Wunderlich: Kinderärztliche
Differentialdiagnostik
(Steinkopff). 1977. DM 19,80

722 Paulsen: Einführung in die
Hals-Nasen-Ohrenheilkunde
(Schattauer). 1978. DM 24,80

738 Seller: Einführung in die Physio-
logie der Säure-Basen-Regulation
(Hüthig). 1978. DM 8,50

787 Herrmann: Klinische
Strahlenbiologie
(Steinkopff). 1979. DM 12,80

788 Frotscher: Nephrologie
(Steinkopff). 1978. DM 18,80

830/831 Vogel: Differentialdiagnose
der medizinisch-klinischen
Symptome 1/2
(E. Reinhardt). 1978. Jeder Band
DM 26,80

841 Fischbach: Störungen des
Nucleinsäuren- und
Eiweißstoffwechsels
(Steinkopff). 1979. DM 12,80

893 Cherniak:
Lungenfunktionsprüfungen
(Schattauer). 1979. DM 24,80

Uni-Taschenbücher
wissenschaftliche Taschenbücher für
alle Fachbereiche.
Das UTB-Gesamtverzeichnis
erhalten Sie bei Ihrem Buchhändler
oder direkt von
UTB, Am Wallgraben 129,
Postfach 80 11 24, 7000 Stuttgart 80